宋本孝經

唐 唐玄宗注

宋刻本

宋本爾雅

晉 郭璞注

宋刻本

山東人民出版社·濟南

圖書在版編目（CIP）數據

宋本孝經 /（唐）唐玄宗注 . 宋本爾雅 /（晋）郭璞注 .— 濟南：山東人民出版社，2024.3
（儒典）
ISBN 978-7-209-14323-3

Ⅰ. ①宋… ②宋… Ⅱ. ①唐… ②郭… Ⅲ. ①《孝經》- 注釋 ②《爾雅》- 注釋 Ⅳ. ①B823.1 ②H131.2

中國國家版本館 CIP 數據核字（2024）第 036517 號

項目統籌：胡長青
責任編輯：劉嬌嬌
裝幀設計：武　斌
項目完成：文化藝術編輯室

宋本孝經
〔唐〕唐玄宗注
宋本爾雅
〔晋〕郭璞注

主管單位　山東出版傳媒股份有限公司
出版發行　山東人民出版社
出 版 人　胡長青
社　　址　濟南市市中區舜耕路517號
郵　　編　250003
電　　話　總編室（0531）82098914
　　　　　市場部（0531）82098027
網　　址　http://www.sd-book.com.cn
印　　裝　山東華立印務有限公司
經　　銷　新華書店

規　　格　16開（160mm×240mm）
印　　張　11.5
字　　數　92千字
版　　次　2024年3月第1版
印　　次　2024年3月第1次
ISBN 978-7-209-14323-3
定　　價　28.00圓

《儒典》選刊工作團隊

學術顧問　杜澤遜　李振聚　徐　泳
項目統籌　胡長青
責任編輯　劉　晨　劉嬌嬌　張艷艷
　　　　　呂士遠　趙　菲　劉一星

前言

中國是一個文明古國、文化大國，中華文化源遠流長，博大精深。在中國歷史上影響較大的是孔子創立的儒家思想，因此整理儒家經典、注解儒家經典，爲儒家經典的現代化闡釋提供权威、典范、精粹的典籍文本，是推進中華優秀傳統文化創造性轉化、創新性發展的奠基性工作和重要任務。

中國經學史是中國學術史的核心，歷史上創造的文本方面和經解方面的輝煌成果，大量失傳了。西漢是經學的第一個興盛期，除了當時非主流的《詩經》毛傳以外，其他經師的注釋後來全部失傳了。東漢的經解祇有鄭玄、何休等少數人的著作留存下來，其餘也大都失傳了。南北朝至隋朝興盛的義疏之學，其成果僅有皇侃《論語疏》幸存於日本。五代時期精心校刻的《九經》、北宋時期國子監重刻的《九經》以及校刻的單疏本，也全部失傳。南宋國子監刻的單疏本，我國僅存《周易正義》、《爾雅疏》、《春秋公羊疏》（三十卷殘存七卷）、《春秋穀梁疏》（十二卷殘存七卷），日本保存了《尚書正義》、《毛詩正義》、《禮記正義》（七十卷殘存八卷）、《周禮疏》（日本傳抄本）、《春秋公羊疏》（日本傳抄本）、《春秋正義》（日本傳抄本）。南宋兩浙東路茶鹽司刻八行本，我國保存下來的有《周禮疏》、《禮記正義》、《春秋左傳正義》（紹興府刻）、《論語注疏解經》（二十卷殘存十卷）、《孟子注疏解經》（存臺北『故宫』），日本保存有《周易注疏》《尚書正義》（凡兩部，其中一部被清楊守敬購歸）。南宋福建刻十行本，我國僅存《春秋穀梁注疏》、《春秋左傳注疏》（六十卷，一半在大陸，一半在臺灣），日本保存有《毛詩注疏》《春秋左傳注疏》。從這些情況可以看出，經書代表性的早期注釋和早期版本國内失傳嚴重，有的僅保存在東鄰日本。

鑒於這樣的現實，一百多年來我國學術界、出版界努力搜集影印了多種珍貴版本，但是在系統性、全面性和準確性方面都還存在一定的差距。例如唐代開成石經共十二部經典，石碑在明代嘉靖年間地震中受到損害，明代萬曆初年西安府學等學校師生曾把損失的文字補刻在另外的小石上，立於唐碑之旁。近年影印出版唐石經拓本多次，都是以唐代石刻與明代補刻割裂配補的裱本爲底本。由於明代補刻采用的是唐碑的字形，這種配補本難以區分唐刻與明代補刻，不便使用，亟需單獨影印唐碑拓本。

爲把幸存於世的、具有代表性的早期經解成果以及早期經典文本收集起來，系統地影印出版，我們規劃了《儒典》編纂出版項目。

《儒典》出版後受到文化學術界廣泛關注和好評，爲了滿足廣大讀者的需求，現陸續出版平裝單行本。共收録一百十一種元典，共計三百九十七册，收録底本大體可分爲八個系列：經注本（以開成石經、宋刊本爲主。開成石經僅有經文，無注，但它是用經注本删去注文形成的）、經注附釋文本、纂圖互注本、單疏本、八行本、十行本、宋元人經注系列、明清人經注系列。

《儒典》是王志民、杜澤遜先生主編的。本次出版單行本，特請杜澤遜、李振聚、徐泳先生幫助酌定選目。特此説明。

二〇二四年二月二十八日

目録

宋本孝經

宋本爾雅

宋本孝經

唐 唐玄宗注

宋刻本

孝經序

御製序并注

朕聞上古其風朴略雖因心之孝已萌而資敬之禮猶簡及乎仁義既有親譽益著聖人知孝之可以教人也故因嚴以教敬因親以教愛於是以順移忠之道昭矣立身揚名之義彰矣子曰吾志在春秋行在孝經是知孝者德之本歟經曰昔者明王之以孝理天下也不敢遺小國之臣而況於公侯伯子男乎朕嘗三復斯言景行先哲雖無德教加於百姓庶幾廣愛形于四海嗟乎夫子沒而微言絕異端起而大義乖況泯絕於秦得之者皆煨燼之末濫觴於漢傳之者皆糟粕之餘故魯史春秋學開五傳國風雅頌分為四詩去聖逾遠源流益別近觀孝經舊注踳駁尤甚至於跡相祖述殆且百家業擅專門猶將十室希升堂者必自開戶牖攀逸駕者必騁殊軌轍是以道隱小成言隱浮僞且傳以通經為義義以必當為主至當歸一精義無二安得不翦其繁蕪而撮其樞要也韋昭王肅

先儒之領袖虞翻劉邵抑又次焉劉炫明安國之本陸澄譏康成之注在理或當何必求人今故特舉六家之異同會五經之旨趣約文敷暢義則昭然分註錯經理亦條貫寫之琬琰庶有補將來且夫子談經志取垂訓雖五孝之用則別而百行之源不殊是以一章之中凡有數句一句之內意有兼明具載則文繁略之又義闕今存于疏用廣發揮

開宗明義章第一

仲尼居仲尼孔子字居謂閒居曾子侍曾子孔子弟子侍謂侍坐子曰先王有至德要道以順天下民用和睦上下無怨孝者德之至道之要也言先代聖德之主能順天下人心行此至要之化則上下臣人和睦無怨汝知之乎曾子避席曰參不敏何足以知之參曾子名也禮師有問避席起荅敏達也言參不達何足知此至要之義子曰夫孝德之本也人之行莫大於孝故爲德本教之所由生也言教從孝而生復坐吾語汝曾參起對故使復坐身體髮膚受之父母不敢毀傷孝之始也父母全而生之已當全而歸之故不敢毀傷立身行道揚名於後世以顯父母孝之終也言能立身行此孝道自然名揚後世光榮其親故行孝以不毀爲先揚名爲後夫孝始於事親中於事君終於立身言行孝以事親爲始事君爲中忠孝道著乃能揚名榮親故曰終於立身也大雅云無念爾祖聿脩厥德詩大

雅也無念念也聿述也厥其也義取恒念先祖述脩其德

天子章第二

子曰愛親者不敢惡於人也 博愛 敬親者不敢慢於人也 廣敬 愛敬盡於事親而德教加於百姓刑于四海 刑法也君行博愛廣敬之道使人皆不慢惡其親則德教加被天下當爲四夷之所法則也 蓋天子之孝也 蓋猶略也孝道廣大此略言之 甫刑云一人有慶兆民賴之 甫刑即尚書呂刑也一人天子也慶善也十億曰兆義取天子行孝兆人皆賴其善

諸侯章第三

在上不驕高而不危 諸侯列國之君貴在人上可謂高矣而能不驕則免危也 制節謹度滿而不溢 費用約儉謂之制節慎行禮法謂之謹度無禮爲驕奢泰爲溢 高而不危所以長守貴也滿而不溢所以長守富也富貴不離其身然後能保其社稷而和其民人 列國皆有社稷其君主而祭之言富貴常在其身則長爲社稷之主而人自和平也 蓋諸侯之孝也詩云戰戰兢兢如臨深淵如履薄冰 戰戰恐懼兢兢戒慎臨深恐墜履薄恐陷義取爲君恒須戒慎

卿大夫章第四

非先王之法服不敢服 服者身之表也先王制五服各有等差言卿大夫遵守禮法不敢僭上偪下 非先王之法言不敢道非先王之德行不敢行 法言謂禮法之言德行謂道德之行若言非法行非德

不敢也

是故非法不言，非道不行（言必守法，行必遵道）。口無擇言，身無擇行（言行皆遵法道，所以無可擇也）。言滿天下無口過，行滿天下無怨惡（禮法之言焉有口過，道德之行自無怨惡）。三者備矣，然後能守其宗廟（三者服言行也。禮卿大夫立三廟以奉先祖，言能備此三者則能長守宗廟之祀）。蓋卿大夫之孝也。詩云：夙夜匪懈，以事一人（夙，早也。懈，惰也。義取為卿大夫能早夜不惰敬事其君也）。

士章第五

資於事父以事母而愛同，資於事父以事君而敬同（資，取也。言愛父與母同，敬父與君同）。故母取其愛而君取其敬，兼之者父也（言事父兼愛與敬也）。故以孝事君則忠（移事父孝以事於君則為忠矣），以敬事長則順（移事兄敬以事於長則為順矣）。忠順不失以事其上，然後能保其祿位而守其祭祀（能盡忠順以事君長，則常安祿位，永守祭祀）。蓋士之孝也。詩云：夙興夜寐，無忝爾所生（忝，辱也。所生謂父母也。義取早起夜寐無辱其親也）。

庶人章第六

用天之道（春生夏長，秋收冬藏，舉事順時，此用天道也），分地之利（分別五土，視其高下，各盡所宜，此分地利也），謹身節用以養父母（身恭謹則遠恥辱，用節省則免飢寒，公賦既充則私養不闕）。此庶人之孝也（庶人為孝唯此而已）。故自天子至於庶人，孝無終始而患不及者，未之有也（始自天子

終於庶人尊卑雖殊孝道同致而患不能及者未之有也言無此理故曰未有

三才章第七

曾子曰甚哉孝之大也參聞行孝無限高卑始知孝之爲大也子曰夫孝天之經也地之義也民之行也經常也利物爲義孝爲百行之首人之恒德若三辰運天而有常五土分地而爲義也天地之經而民是則之天有常明地有常利言人法則天地亦以孝爲常行也則天之明因地之利以順天下是以其教不肅而成其政不嚴而治治天明以爲常因地利以行義順此以施政教則不待嚴肅而成理也先王見教之可以化民也見因天地教化人之易也是故先之以博愛而民莫遺其親君愛其親則人化之無有遺其親者陳之以德義而民興行陳說德義之美爲衆所慕則人起心而行之先之以敬讓而民不爭君行敬讓則人化而不爭導之以禮樂而民和睦禮以檢其跡樂以正其心則和睦矣示之以好惡而民知禁示好以引之示惡以止之則人知有禁令不敢犯也詩云赫赫師尹民具爾瞻赫赫明盛貌也尹氏爲太師周之三公也義取大臣助君行化人皆瞻之也

孝治章第八

子曰昔者明王之以孝治天下也言先代聖明之主以至德要道化人是爲孝理不敢遺小國之臣而況於公侯伯子男乎小國之臣至卑者耳主尚接之以禮況於五等諸侯是廣敬也故得萬國之懽心以事其先王萬國舉其多也言行孝道以理天下皆得懽心則各以其職來助祭也治國者不敢侮於

鰥寡而況於士民乎理國謂諸侯也鰥寡國之微者君尚不敢輕侮況知禮義之士乎故得百姓之懽心以事其先君諸侯能行孝理得所統之懽心則皆恭事助其祭享也治家者不敢失於臣妾而況於妻子乎理家謂卿大夫臣妾家之賤者妻子家之貴者故得人之懽心以事其親卿大夫位以材進受祿養親若能孝理其家則小大之懽心助其奉養夫然故生則親安之祭則鬼享之夫然者然上孝理皆得懽心則存安其榮沒享其祭是以天下和平災害不生禍亂不作上下懽存安沒享人用和睦以致太平則災害禍亂無因而起故明王之以孝治天下也如此言明王以孝爲理則諸侯以下化而行之故致如此福應詩云有覺德行四國順之覺大也義取天子有大德行則四方之國順而行之

聖治章第九

曾子曰敢問聖人之德無以加於孝乎參聞明王孝理以致和平又問聖人德教更有大於孝不子曰天地之性人爲貴貴其異於萬物也人之行莫大於孝孝者德之本也孝莫大於嚴父萬物資始於乾人倫資父爲天故孝行之大莫過尊嚴其父也嚴父莫大於配天則周公其人也謂父爲天雖無貴賤然以父配天之禮始自周公故曰其人也昔者周公郊祀后稷以配天后稷周之始祖也郊謂圜丘祀天也周公攝政因行郊天之祭乃尊始祖以配之也宗祀文王於明堂以配上帝明堂天子布政之宮也周公因祀五方上帝於明堂乃尊文王以配之也是以四海之內各以其職來祭君行嚴配之禮則德教刑於四海海內諸侯各脩其職來助祭也夫聖人之德又何以加於孝乎言無大於孝者故親生之膝下以養父母日嚴

親猶愛也膝下謂孩幼之時也言親愛之心生於孩幼比及年長漸識義方則日加尊嚴能致敬於父母也聖人因嚴以教敬因親以教愛聖人因其親嚴之心敦以愛敬之教故出以就傅趨而過庭以教敬也抑搔癢痛縣衾篋枕以教愛也聖人之教不肅而成其政不嚴而治聖人順羣心以行愛敬制禮則以施政教亦不待嚴肅而成理也其所因者本也本謂孝也父子之道天性也君臣之義也父子之道天性之常加以尊嚴又有君臣之義父母生之續莫大焉父母生子傳體相續人倫之道莫大於斯君親臨之厚莫重焉謂父為君以臨於己恩義之厚莫重於斯故不愛其親而愛他人者謂之悖德不敬其親而敬他人者謂之悖禮言盡愛敬之道然後施教於人違此則於德禮為悖也以順則逆民無則焉行教以順人心今自逆之則下無所法則也不在於善而皆在於凶德善謂身行愛敬也凶謂悖其德禮也雖得之君子不貴也言悖其德禮雖得志於人上君子之不貴也君子則不然不悖德禮也言思可道行思可樂思可道而後言人必信也思可樂而後行人必悅也德義可尊作事可法立德行義不違道正故可尊也制作事業動得物宜故可法也容止可觀進退可度容止威儀也必合規矩則可觀也進退動靜也不越禮法則可度也以臨其民是以其民畏而愛之則而象之君行六事臨撫其人則下畏其威愛其德皆放象於君也故能成其德教而行其政令上正身以率下下順上而法之則德教成政令行也詩云淑人君子其儀不忒淑善也忒差也義取君子威儀不差為人法則

紀孝行章第十

子曰孝子之事親也居則致其敬（平居必盡其敬）養則致其樂（就養能致其懽）病則致其憂（色不滿容行不正履）喪則致其哀（擗踊哭泣盡其哀情）祭則致其嚴（齋戒沐浴明發不寐）五者備矣然後能事親（五者闕一則未爲能）事親者居上不驕（當莊敬以臨下也）爲下不亂（當恭謹以奉上也）在醜不爭（醜衆也爭競也當和順以從衆也）居上而驕則亡爲下而亂則刑在醜而爭則兵（謂以兵刃相加）三者不除雖日用三牲之養猶爲不孝也（三牲太牢也孝以不毀爲先言上三事皆可亡身而不除之雖日致太牢之養固非孝也）

五刑章第十一

子曰五刑之屬三千而罪莫大於不孝（五刑謂墨劓剕宮大辟也條有三千而罪之大者莫過不孝）要君者無上（君者臣之稟命也而敢要之是無上也）非聖人者無法（聖人制作禮法而敢非之是無法也）非孝者無親（善事父母爲孝而敢非之是無親也）此大亂之道也（言人有上三惡豈唯不孝乃是大亂之道）

廣要道章第十二

子曰教民親愛莫善於孝教民禮順莫善於悌（言教人親愛禮順無加於孝悌也）移風易俗莫善於樂（風俗移易先入樂聲變隨人心正由君德正之與變因樂而彰故曰莫善於樂）安上治民莫善於禮（禮所以正君臣父子之別明男女長幼之序故可以安上化下也）禮者敬而已矣（敬者禮之本也）故敬其父則子悅敬其兄則弟悅敬其君則臣悅敬一人而千萬人

悦（居上敬下盡得懽心故曰悦也）所敬者寡而悦者衆此之謂要道也

廣至德章第十三

子曰君子之教以孝也非家至而日見之也（言教不必家到戶至日見而語之但行孝於內其化自流於外）教以孝所以敬天下之為人父者也教以悌所以敬天下之為人兄者也（舉孝悌以為教則天下之為人子弟者無不敬其父兄也）教以臣所以敬天下之為人君者也（舉臣道以為教則天下之為人臣者無不敬其君也）詩云愷悌君子民之父母（愷樂也悌易也義取君以樂易之道化民則為天下蒼生之父母也）非至德其孰能順民如此其大者乎

廣揚名章第十四

子曰君子之事親孝故忠可移於君（以孝事君則忠）事兄悌故順可移於長（以敬事長則順）居家理故治可移於官（君子所居則化故可移於官也）是以行成於內而名立於後世矣（脩上三德於內名自傳於後代）

諫爭章第十五

曾子曰若夫慈愛恭敬安親揚名則聞命矣敢問子從父之令可謂孝乎（事父有隱無犯又敬不違故疑而問之）子曰是何言與是何言與（有非而從成父不義理所不可故再言之）昔者天子有爭臣七人雖無道不失其天下諸侯有

争臣五人雖無道不失其國大夫有争臣三人雖無道不失其
家降殺以兩尊卑之差争謂諫也言雖無道爲有争臣則終不至失天下亡家國也士有争友則身不離於令
名令善也益者三友言受忠告故不失其善名父有争子則身不陷於不義父失則諫故免陷於不義故
當不義則子不可以不争於父臣不可以不争於君不争則非忠孝故
當不義則争之從父之令又焉得爲孝乎

應感章第十六

子曰昔者明王事父孝故事天明事母孝故事地察王者父事天母事地
言能敬事宗廟則事天地能明察也長幼順故上下治君能尊諸父先諸兄則長幼之道順君人之化理天地明
察神明彰矣事天地能明察則神感至誠而降福祐故曰彰也故雖天子必有尊也言有
父也必有先也言有兄也父謂諸父兄謂諸兄皆祖考之胤也禮君讌族人與父兄齒也宗廟致敬不忘
親也言能敬事宗廟則不敢忘其親也脩身慎行恐辱先也天子雖無上於天下猶脩持其身謹慎其行恐辱先
祖而毀盛業也宗廟致敬鬼神著矣事宗廟能盡敬則祖考來格享於克誠故曰著也孝悌之至
通於神明光于四海無所不通能敬宗廟順長幼以極孝悌之心則至性通於神明光於四海故曰無所不通
詩云自西自東自南自北無思不服義取德教流行莫不服義從化也

事君章第十七

子曰君子之事上也（上謂君也）進思盡忠（進見於君則思盡忠節）退思補過（君有過失則思補過）將順其美（將行也君有美善則順而行之）匡救其惡（匡正也救止也君有過惡則正而止之）故上下能相親也（下以忠事上上以義接下君臣同德故能相親）詩云心乎愛矣遐不謂矣中心藏之何日忘之（遐遠也義取臣心愛君雖離左右不謂為遠愛君之志恒藏心中無日蹔忘也）

喪親章第十八

子曰孝子之喪親也（生事已畢死事未見故發此章）哭不偯（氣竭而息聲不委曲）禮無容（觸地無容）言不文（不為文飾）服美不安（不安美飾故服縗麻）聞樂不樂（悲哀在心故不樂也）食旨不甘（旨美也不甘美味故疏食水飲）此哀慼之情也（謂上六句）三日而食教民無以死傷生毀不滅性（不食三日哀毀過情滅性而死皆虧孝道故聖人制禮施教不令至於殞滅）此聖人之政也喪不過三年示民有終也（三年之喪天下達禮使不肖企及賢者俯從夫孝子有終身之憂聖人以三年為制者使人知有終竟之限也）為之棺槨衣衾而舉之（周尸為棺周棺為槨衣謂斂衣衾被也舉謂舉屍內於棺也）陳其簠簋而哀慼之（簠簋祭器也陳奠素器而不見親故哀慼也）擗踊哭泣哀以送之（男踊女擗祖載送之）卜其宅兆而安措之（宅墓穴也兆塋域也葬事大故卜之）為之宗廟以鬼享之（立廟祔祖之後則以鬼禮享之）春秋祭祀以時思之（寒暑變移益用增感以時祭祀展其孝思也）生事愛敬死事哀慼生民之本盡矣死生之義備矣孝子之事親終矣（愛敬哀慼孝行之始終也備陳死生之義以盡孝子之情）

御注孝經一卷

孝經音略

三復上蘇暫切泯彌忍切㶿燼上烏恢切下徐刃切糟粕下匹各切踳駁上尺尹切下北角切殆音待騁丑郢切軌轍上音晷下直列切琬琰上音宛下以冉切惡烏路切稷子力切兢居陵切懈佳賣切侮亡甫切鰥古頑切悖補對切忒他得切偯於豈切椁音郭簠簋上音甫下音軌擗踊上婢亦切下音勇措七故切

宋本爾雅

晉 郭璞注

宋刻本

爾雅序

夫爾雅者所以通詁訓之指歸敘詩人之興詠揔絶代之離詞辯同實而殊号者也誠九流之津涉六藝之鈐鍵學覽者之潭奧摛翰者之華苑也若乃可以博物不惑多識於鳥獸草木之名者莫近於爾雅爾雅者蓋興於中古隆於漢氏豹鼠既辯其業亦顯英儒贍聞之士洪筆麗藻之客靡

不欽玩耽味為之義訓璞不揆檮昧少而習焉況研鑽極二九載矣雖註者十餘然猶未詳備竝多紛謬有所漏略是以復綴集異聞會稡舊說考方國之語采謠俗之志錯綜樊孫博關羣言剟其瑕礫搴其蕭稂事有隱滯援據徵之其所易了闕而不論別為音圖用祛未寤輒復擁篲清道企望塵躅者以將來君子為亦有涉乎此也

爾雅卷上　郭璞注

釋詁第一　釋言第二

釋訓第三　釋親第四

釋詁第一

初哉首基肇祖元胎俶落權輿始也尚書曰三月哉生魄詩曰令終有俶又曰俶載南畝又曰訪予落止又曰胡不承權輿肧胎未成亦物之始也其餘皆義之常行者耳此所以釋古今之異言通方俗之殊語林烝天帝皇王后辟公侯君也詩曰有王有林又曰文王烝哉其餘義皆通見詩書弘廓宏溥

介純夏幠厖墳嘏丕奕洪誕戎駿假京碩濯訏宇穹壬路淫甫景廢壯冢簡劉昄晊將業蒿大也詩曰我受命溥將又曰亂如此幠爲下國駿厖湯孫奏假王公伊濯訏謨定命有壬有林厥聲載路既有淫威廢爲殘賊爾土宇昄章緇衣之蓆兮廓落宇宙穹隆至極亦爲大也劉義未聞尸子曰此皆大有十餘名而同一實幠厖有也二者又爲有也詩曰遂幠大東迄臻極到赴來弔艐格戾懷摧詹至也齊楚之會郊曰懷宋曰屆詩曰先祖於摧又曰六日不詹詹摧皆楚語方言云如適之嫁徂逝往也方言云自家而出謂之嫁猶女出爲嫁賚貢錫畀予貺

也皆賜與也儀若祥淑鮮省臧嘉令類綝彀攻穀介徽善也詩曰儀刑文王左傳曰禁禦不若詩曰永錫爾類我車既攻介人維藩大姒嗣徽音省綝彀未詳其義餘皆常語舒業順敘也皆謂次敘舒業順敘緒也四者又為端緒怡懌悅欣衎喜愉豫愷康妉般樂也皆見詩悅懌愉釋賓協服也皆謂喜而服從適遵率循由從自也自猶從也適遵率循也三者又為循行靖惟漠圖詢度咨諏究如慮謨猷肇基訪謀也國語曰詢于八虞咨于二虢度于閎夭謀于南宮諏于蔡原訪于辛尹通謂謀議耳如肇

所未詳餘皆見詩典彝法則刑範矩庸恒律戛職秩常也庸戛職秩義見詩書餘皆謂常法耳柯憲刑範辟律矩則法也詩曰伐柯伐柯其則不遠論語曰不踰矩辜辟戾皋也皆刑罪黃髮齯齒鮐背耇老壽也黃髮髮落更生黃者齯齒墮更生細者鮐背背皮如鮐魚耇猶耆也皆壽考之通稱允孚亶展諶誠亮詢信也方言曰荊吳淮汭之間曰展燕岱東齊曰諶宋衛曰詢亦皆見詩展諶允慎亶誠也轉相訓也詩曰慎爾優遊謔浪笑敖戲謔也謂調戲也見詩粵于爰曰也書曰土爰稼穡詩曰對越在天王于出征爰粵于也轉相訓爰

粵于那都繇於也 左傳曰弃甲則那那猶今人云都那也書曰皐陶曰都繇辭於乎皆語之韻絕

敆郃盍翕仇偶妃匹會合也 皆謂對合也

仇讎敵妃知儀匹也 詩云君子好仇樂子之無知實維我儀國語亦云丹朱馮身儀之讎讎猶儔也廣雅云讎輩也

妃合會對也 皆相當對

妃媲相偶媲也

紹胤嗣續纂緌績武係繼也 詩曰下武維周緌見釋水餘皆常語

忥謐溢蟄慎貉謐顗頠密寧靜也 忥顗頠未聞其義餘皆見詩傳

隕磒湮下降墜摽蘦落也 磒猶隕也方俗語有輕重耳湮沈落也摽蘦見詩

命令禧畛祈請謁訊

誥告也禧未聞禮記曰昣於鬼神永悠迥違遐逷闊遠也書曰逷矣西土之人永悠迥遠遐也遐亦遠也轉相訓虧壞圮垝毀也書曰方命圮族詩曰乘彼垝垣虧通語耳矢雉引延順蕩劉繹尸旅陳也禮記曰尸陳也雉順劉皆未詳尸職主也左傳曰殺老牛莫之敢尸詩曰誰其尸之又曰職爲亂階尸寀也謂寀地寀寮官也官地爲寀同官爲賚績緒采業服宜貫公事也論語曰仍舊貫餘皆見詩書永羕引延融駿長也宋衛荊吳之間曰融羕所未詳喬嵩崇高也皆高大貌左傳曰師叔楚之崇也崇充也亦爲充盛犯奢果毅

剋捷功肩堪勝也陵犯誇奢果毅皆得勝也左傳曰殺敵爲果肩即剋耳書曰西伯堪黎

勝肩戡劉殺克也轉相訓耳公羊傳曰克之者何殺之也

劉獮斬刺殺也書曰咸劉厥敵秋獮爲獮應殺氣也公羊傳曰刺之者何殺之也

亹亹蠠沒孟敦勗釗茂劭勔勉也詩曰亹亹文王蠠沒猶僶俛書曰茂哉茂哉方言云周鄭之間相勸勉爲勔釗孟未聞

鶩務昏暋强也馳鶩事務皆自勉强書曰不昏作勞暋不畏死

卬吾台予朕身甫余言我也卬猶姎也語之轉耳書曰非台小子古者貴賤皆自稱朕禮記云授政任功曰予一人眕於鬼神曰有某甫言見詩

朕余躬身也今人亦自呼爲身

台朕賚畀卜

陽予也賚卜畀皆賜與也與猶予也因通其名耳魯詩云陽如之何今巴濮之人自呼阿陽肅延誘薦餞晉寅藎進也禮記曰主人肅客詩曰亂是用餤王之藎臣易曰晉進也寅未詳羞餞迪烝進也皆見詩禮詔亮左右相導也皆謂教導之詔相導左右助勴也勴謂贊勉亮介尚右也紹介勸尚皆相佑助左右亮也反覆相訓以盡其義緝熙烈顯昭晧頫光也詩曰學有緝熙于光明又曰休有烈光劼鞏堅篤掔虔膠固也劼虔皆見詩書易曰鞏用黃牛之革固志也掔然亦牢固之意疇款誰也易曰疇離祉暀暀皇皇藐藐穆穆休嘉

珍禕懿鑠美也自穆穆已上皆美盛之貌其餘常語諧輯協和也書曰八音克諧左傳曰百姓輯睦關關嚶嚶音聲和也皆鳥鳴相和勰燮和也書曰燮友柔克從申神加彌崇重也隨從彌輔增崇皆所以爲重疊神所未詳𣫍悉卒泯忽滅罄空畢罊殲拔殄盡也𣫍今直語耳忽然盡貌今江東呼厭極爲罊餘皆見詩苞蕪茂豐也苞叢繁蕪皆豐盛揫斂屈收戢蒐裒鳩樓聚也禮記曰秋之言揫揫斂也春獵爲蒐蒐者以其聚人衆也詩曰屈此羣醜原隰裒矣左傳曰以鳩其民樓猶今言拘樓聚也肅齊遄速亟屢數迅疾也詩曰

仲山甫徂齊

寁駿肅亟遄速也詩曰不寁故也駿猶迅速亦疾也

壑阬阬滕徵隍漮虛也壑谿壑也阬阬謂阬壍也隍城池無水者方言云漮之言空也皆謂丘墟耳滕徵未詳

黎庶烝多醜師旅衆也皆見詩

洋觀裒衆那多也詩曰薄言觀者又曰受福不那洋溢亦多貌

流差柬擇也皆選擇見詩

戰慄震驚戁竦恐慴懼也詩曰不戁不竦慴即懾也

痛瘏虺頹玄黃劬勞咎顇瘽瘉鰥戮癙癵痒疷疵閔逐疚痗瘥痱𤸊瘵瘼癠病也虺頹玄黃皆人病之通名而說者便為之馬病失其義也詩曰生我劬勞書曰智藏

瘵在相戮辱亦可恥病也今江東呼病曰瘵東齊曰瘼禮記曰親瘠色容不盛戮瘵遂未詳餘皆見詩

恙寫悝盱繇慘恤罹憂也今人云無恙謂無憂也寫有憂者思散寫也詩曰悠悠我悝云何盱矣繇役亦爲憂愁

倫勩邛敕勤愉庸癉勞也詩曰莫知我勩維王之邛哀我癉人國語曰無功庸者倫理事務以相約敕亦爲勞勞苦者多惰愉今字或作窳同

勞來強事謂剪䇿勤也詩曰職勞不來自勉強者亦勤力者由事事故爲勤也詩曰迨其謂之剪䇿未詳

悠傷憂思也皆感思也

懷惟慮願念惄思也詩曰惄如調飢

祿祉履戩祓禧褫祜福也詩曰福履綏之俾爾戩穀祓祿康矣褫禧書傳不見其義未詳

禋祀祠蒸

嘗禴祭也書曰禋于六宗餘者皆以爲四時祭名也儼恪祗翼諲恭欽寅熯敬也儼然敬貌書曰夙夜惟寅詩曰我孔熯矣諲未詳朝旦夙晨晙早也晙亦明也須竢替戾底止徯待也書曰徯我后今河北人語亦然替戾底者皆止也止亦相待噊幾烖殆危也幾猶殆也噊烖未詳譏汔也謂相摩近治肆古故也治未詳肆古見詩書肆故今也肆既爲故又爲今今亦爲故故亦爲今此義相反而兼通者事例在下而皆見詩惇亶祜篤掔仍肶埤竺腹厚也頻仍埤益肶輔皆重厚掔然厚貌餘皆見詩書載謨食詐僞也載者言而不信謨者謀而不忠書曰朕不食言話

猷載行訛言也詩曰慎爾出話猷者道道亦言也周禮曰作盟詛之載今江東通謂語為行世以妖言為訛

遘逢遇也謂相遭遇

遘逢遇遻也轉復為相遻

遘逢遇遻見也行而相值即是見

顯昭覲釗覿見也顯昭明見也逸書曰釗我周王

監瞻臨涖頫相視也皆謂察視也

鞠訩溢盈也詩曰降此鞠訩

孔魄哉延虛無之言間也孔穴延魄虛無皆有間隙餘未詳

瘞幽隱匿蔽竄微也微謂逃藏也左傳曰其徒微之是也

訖徽妥懷安按替戾底厎尼定曷遏止也妥者坐也懷者至也按抑按也替廢皆止住也戾底義見詩傳國語曰戾

久將厎孟子曰行或尼之今以遊相止爲過徽未詳豫射猒也詩曰服之無斁豫未詳烈

績業也謂功業也績勳功也謂功勞也功績質登平明

考就成也功績皆有成詩曰質爾民人禮記曰年穀不登穀梁傳曰平者成也事有分明

亦成濟也梏梗較頲庭道直也梏梗較頲皆正直也詩曰既庭且碩頲道

無所屈密康靜也皆安靜也豫寧綏康柔安也皆見

詩書平均夷弟易也皆謂易直矢弛也弛放弛易也相延

易希寡鮮罕也罕亦希也鮮寡尠也尠少酬酢侑報也謂酬

酢此通謂相報荅主于飲酒毗劉㬥樂也謂樹木葉缺落蔭疏㬥樂見詩覭髳

茀離也謂草木之叢茸翳薈也茀離即彌離彌離猶蒙籠耳孫叔然字別爲義失矣

蠱諂貳疑也蠱惑有貳心者皆疑也左傳曰天命不諂音縚

楨翰儀榦也詩曰維周之翰儀表亦體榦

弼棐輔比俌也書曰天威棐忱易曰比輔也俌猶輔也

疆界邊衛圉垂也疆埸竟界邊旁營衛守圉皆在外垂也左傳曰聊以固吾圉也

昌敵彊應丁當也書曰禹拜昌言彊者好與物相當值

浡肩搖動蠢迪俶厲作也浡然興作貌蠢動作公羊傳曰俶甚也穀梁傳曰始厲樂矣肩見書迪未詳

茲斯咨呰已此也呰已皆方俗異語

嗟咨䰈也今河北人云䰈歎音兔罝

閑狎串貫習也串厭串貫貫忕也今俗語

皆然曩塵佇淹留久也塵垢佇企淹滯皆稽久逮及既暨與也公羊傳曰會及暨皆與也逮亦及也隲假格陟躋登陞也方言曰魯衛之間曰隲梁益曰格禮記曰天王登遐公羊傳曰躋者何陞也揮盡歇涸竭也月令曰無漉陂池國語曰水涸而成梁揮振去水亦為竭歇通語挋拭刷清也振評技拭埽刷皆所以為潔清鴻昏於顯閒代也鴻鴈知運代昏主代明明亦代昏顯即明也閒錯亦相代於義未詳饁饟饋也國語曰其妻饁之遷運徙也今江東通言遷徙秉拱執也兩手持為拱廞熙興也書曰庶績咸熙廞見周官衛蹶假嘉也詩序曰假樂嘉成王也餘未詳廢稅赦舍

也詩曰召伯所稅舍放置棲遲憩休苦𢿍齂呬息也棲遲遊息也苦勞者宜止息憩見詩𢿍齂呬皆氣息貌今東齊呼息爲呬也供峙共具也皆謂備具煤憐惠愛也煤韓鄭語今江東通呼爲憐娠蠢震戁妯騷感訛蹶動也娠猶震也詩曰憂心且妯無感我帨兮或寢或訛蠢戁騷蹶皆搖動貌覆察副審也覆校察視副長皆所爲審諦契滅殄絕也今江東呼刻斷物爲契斷郡臻仍迺侯乃也迺即乃餘未詳迪繇訓道也義皆見詩書僉咸胥皆也東齊曰胥見方言育孟耆艾正伯長也育養亦爲長正伯皆官長艾歷也長者多更

歷歷秭算數也歷歷數也今以十億爲秭論語云何足算也歷傳也
傳近艾歷覛胥相也覛謂相視也公羊傳曰胥盟者何相盟也艾歷未詳乂亂
靖神弗淈治也論語曰予有亂臣十人淈書序作汩音同耳神未詳餘並見詩書
頤艾育養也汝潁梁宋之閒曰艾方言云汱渾隕墜也汱渾
皆水落貌際接翜捷也捷謂相接續也毖神溢愼也神未詳餘
見詩書鬱陶繇喜也孟子曰鬱陶思君禮記曰人喜則斯陶陶斯詠詠斯猶猶
即繇也古今字耳戡穧獲也今以獲賊耳爲戡獲禾爲穧並見詩阻艱難
也皆險難剡絜利也詩曰以我剡耜允任壬佞也書曰而難

任人允信者佞人似信壬猶任也伻拼抨使也皆謂使今見詩伻拼抨
使從也四者又爲隨從儴仍因也皆謂因緣董督正也
皆謂御正享孝也享祀孝道珍享獻也珍物宜獻穀梁傳曰諸侯不享
覲縱縮亂也縱放掣縮皆亂法也探篡俘取也書曰俘厥寶玉
篡者奪取也探者摸取也徂在存也以徂爲存猶以亂爲治以曩爲曏以故爲今此皆詁
訓義有反覆旁通美惡不嫌同名在存省士察也書曰在璿璣玉衡士理官
亦主聽察存即在烈枿餘也晉衛之間曰蘖陳鄭之間曰烈迓迎也公羊
傳曰跛者迓跛者元良首也左傳曰狄人歸先軫之元良未聞薦摯臻

也薦進也摯至也故皆爲臻臻至也賡揚續也書曰乃賡載歌揚未詳祔祪祖也祔付也付新死於祖廟祪毀廟主即尼也即猶今也尼者近也尸子曰悅尼而來遠尼定也尼者止也止亦定邇幾暱近也暱親近也妥安坐也禮記曰妥而后傳命貉縮綸也綸者繩也謂牽縛縮貉之今俗語亦然貉嗼安定也皆靜定見詩伊維也發語辭伊維侯也詩曰侯誰在矣互相訓時寔是也公羊傳曰寔來者何是來也卒猷假輟已也猷假未詳求酋在卒就終也詩曰嗣先公爾酋矣成就亦然也其餘未詳崩薨無祿卒徂落殪死也古者死亡尊卑同稱

耳故尚書堯曰殂落舜曰陟方乃死

釋言第二

殷齊中也書曰以殷仲春釋地曰岠齊州以南斯誃離也齊陳曰斯誃見詩謖興起也禮記曰尸謖還復返也宣徇徧也皆周徧也馹遽傳也皆轉車驛馬之名蒙荒奄也奄奄覆也皆見詩告謁請也皆求請也肅雝聲也詩曰肅雝和鳴格懷來也書曰格爾眾庶懷見詩昣厎致也皆見詩傳侈怙恃也今江東呼母爲侈音是律遹述也皆敘述也方俗語耳俞畣然也禮記

曰男唯女俞畬者應也亦爲然豫臚敘也皆陳敘也庶幾尚也詩曰不尚息焉觀指示也國語曰且觀之兵若惠順也詩曰惠然肯來敖憮傲也禮記曰無憮無傲傲慢也幼鞠稚也書曰不念鞠子哀逸諐過也書曰汝則有逸罰疑休戾也戾止也疑者亦止疾齊壯也壯壯事謂速也齊亦疾悈褊急也皆急狹貿賈市也詩曰抱布貿絲厞陋隱也禮記曰厞用席書曰揚側陋遏遾逮也東齊曰遏北燕曰遾皆相及逮征邁行也詩曰王于出征邁亦行圮敗覆也謂毀覆荐原再也易曰水荐至今呼重蠶爲原蠶憮敉撫也憮愛

撫也牧義見書臞脙瘠也齊人謂瘠瘦爲脙桄頻充也皆盛皃也

屢暱亟也親暱者亦數亟亦數也靡罔無也爨差也爨

忒也皆謂用心差錯不專一佴貳也佴次爲副貳劑翦齊也

南方人呼翦刀爲劑刀饋餾稔也今呼餈飯爲饋饋熟爲餾媵將送也

左傳曰以媵秦穆姬詩曰遠于將之作造爲也棐餯食也方言云陳楚之

間相呼食爲棐餯鞫究窮也皆窮盡也見詩滷矜鹹苦也滷苦地也

可矜憐者亦辛苦苦即大鹹干流求也詩曰左右流之流覃也覃

延也皆謂蔓延相被及佻偷也謂苟且潛深也潛深測

也測亦水深之別名㲉鞠生也詩曰㲉則異室啜茹也啜者拾食茹虞度也皆測度也詩曰不可以茹試式用也見詩書誥誓謹也皆所以約勤謹戒衆競逐彊也皆自勉強禦圉禁也禁制窒薶塞也謂塞孔穴黼黻彰也黼文如斧黻文如兩已相背膺身親也謂躬親愷悌發也發發行也詩曰齊子愷悌髦士官也取俊士令居官畯農夫也令之嗇夫是也蓋割裂也蓋未詳邑支載也皆方俗語亦未詳諈諉累也以事相屬累爲諈諉漠察清也皆清明庇庥廕也今俗語呼樹蔭爲庥穀履祿也書曰既富

方穀詩曰福履將之履禮也禮可以履行見易隱占也隱度逆迎也
憯曾也發語辭見詩增益也今江東通言增窶貧也謂貧陋
薆隱也謂隱蔽僾唈也嗚唈短氣皆見詩基經也基業所以自經
營基設也亦爲造設祺祥也謂徵祥祺吉也祥吉之先見兆
域也謂塋界肇敏也書曰肇牽車牛挾藏也今江東通言挾浹徹
也謂霑徹替廢也替滅也亦爲滅絕速徵也徵召
也易曰不速之客琛寶也詩曰來獻其琛探試也刺探嘗試髦選也
俊士之選髦俊也士中之俊如毛中之髦俾職也使供職紕飾也

謂緣飾見詩 淩慄也淩懅戰慄 慄慼也戰慄者憂慼 燭明也燭清
明貌 茅明也左傳曰前茅慮無 明朗也 猷圖也周官曰以猷鬼神祇
謂圖畫 猷若也詩曰寔命不猷 偁舉也書曰偁爾戈 稱好也物稱
人意亦爲好 坎律銓也易坎卦主法法律皆所以銓量輕重 矢誓也相約誓言
舫舟也竝兩船 泳游也潛行游水底 迨及也東齊曰迨 冥幼
也幼稚者冥昧 降下也 傭均也齊等 強暴也強梁淩暴 宄肆
也輕窕者好放肆 肆力也肆極力 俅戴也詩曰戴弁俅俅 痤幽也
幽亦黝也 氂罽也毛氂尾所以爲罽 烘燎也謂燒烓燎火 烓也今之三隅

竈見詩陪朝也陪位爲朝康苛也謂苛刻樊藩也謂藩籬賦
量也賦稅所以評量粻糧也今江東通言粻庶侈也庶者衆多爲奢侈
庶幸也庶幾僥倖筑拾也謂拾掇奘駔也今江東呼大爲駔駔猶麤麤
也集會也舫附也水中䈥筏洵均也謂調均洵龕也
未詳逮還也今荊楚人皆云遝音沓是則也是事可法則畫形也
畫者爲形象賑富也謂隱賑富有局分也謂分部懠怒也詩曰
天之方懠音薺僁聲也謂聲音葵揆也詩曰天子葵之揆度也商度
逮及也惄飢也惄然飢意眕重也謂厚重見左傳獵虐也

淩獵暴虐土田也別二名戍遏也戍守所以止寇賊師人也謂人衆

硈鞏也硈然堅固弃忘也䫉閑也䫉然閑暇貌謀心也謀慮以心獻聖也謚法曰聰明睿智曰獻里邑也謂邑居襄除也詩曰不可襄振古也詩曰振古如茲猶云久若此懟怨也縭介也縭者繫介猶閡號謼也今江東皆言謼凶咎也苞稹也今人呼物叢緻者爲稹逜寤也相干寤顁題也題額也詩曰麟之定猷肯可也詩曰猷來無弃肯今通言務侮也詩曰外禦其侮貽遺也相歸遺貿賈也廣二名賄財也甲狎也謂習狎菼騅也菼

薍也詩曰毳衣如菼菼草色如騅在青白之間粲餐也今河北人呼食爲餐渝

變也謂變易宜肴也詩曰與子宜之夷悅也詩曰我心則夷顛

頂也頭上耋老也八十爲耋輶輕也詩曰德輶如毛俴淺也

詩曰小戎俴收綯絞也糾絞繩索訛化也詩曰四國是訛跋躐也詩曰

狼跋其胡疐跲也詩曰載疐其尾烝塵也人衆所以生塵埃戎相也

相佐助飫私也宴飲之私孺屬也謂親屬幕暮也幕然暮夜

煽熾也熾盛也互相訓煽義見詩柢本也謂根本窕間

窈窕閒隙䘙率也相率使罹毒也憂思慘毒檢同也模範同等郵

過也道路所經過遜遯也謂逃去蹷踣也前覆僨僵也卻偃昣殄也謂殄絕曷盍也盍何不虹潰也謂潰敗隌闇也隌然冥貌䵒膠也膠黏䵒孔甚也厥其也戛禮也謂常禮闍臺也城門臺囚拘也謂拘執攸所也得自申展皆適意展適也鬱氣也鬱然氣出宅居也休慶也祈叫也祈祭者叫呼而請事濬幽深也濬亦深也哲智也弄玩也尹正也謂官正也皇匡正也詩曰四國是皇服整也服御之令齊整聘問也見穀梁傳愧慙恧也殛誅

也（書曰鯀則殛死）克能也翌明也（書曰翌日乃瘳）訩訟也（言訩讒）

晦冥也奔走也逡退也（外傳曰已復於士而逡）疐仆也

（頻蹪倒仆）亞次也諗念也（相思念）屆極也（有所限極）弇同

也（詩曰奄有龜蒙）弇蓋也（謂覆蓋）恫痛也（謂曰神罔時恫）挃具

也（謂備具）振訊也（振者奮迅）閱恨也（相怨恨）越揚也

（謂發揚）對遂也（詩曰對揚王休）燬火也（詩曰王室如燬燬齊人語）懈怠

也宣緩也（謂寬緩）遇偶也（偶爾相值遇）曩鄉也（國語曰曩）

（而言戲也）偟暇也（詩曰不遑啓處）宵夜也懊忨也（謂愛忨）惱貪

也謂貪羡楮柱也相楮柱裁節也並併也詩曰並坐鼓瑟
卒既也既已慒慮也謂謀慮也將資也謂資裝蕭紩
也今人呼縫紩衣為蕭遞迭也更迭翊況也譬況廩廯也或說
云即倉廩所未詳逭逃也亦見禮記訊言也相問訊間伣也左傳謂之
諜今之細作也沄沆也水流溝沆干扞也相扞衛趾足也足腳
跳刖也斷足襄駕也書曰懷山襄陵忝辱也燠煖也今江
東通言燠將齊也謂分齊也詩曰或肆或將餬饘也麋也啓跪也
小踸膀密也謂緻密開闢也書曰闢四門袍襽也左傳曰重襽衣

裘障畛也謂壅障靦姡也面姡然鬻糜也淖糜舒緩
也謂遲緩翢纛也今之羽葆幢纛翳也舞者所以自蔽翳隍壑也
城池空者爲壑芼搴也謂拔取菜典經也威則也威儀可法則苛
妎也煩苛者多嫉妎芾小也芾者小貌迷惑也狃復也狃忕
復爲逼迫也般還也左傳曰般馬之聲班賦也謂布與濟
渡也濟成也濟益也所以廣異訓各隨事爲義緍綸也詩曰
維絲伊緍緍繩也江東謂之綸辟歷也未詳漦盝也漉漉出涎沫寬綽
也謂寬裕也衮黻也衮衣有黻文華皇也釋草曰葟華榮昆後也

謂先後方俗語彌終也終竟也

釋訓第三

明明斤斤察也皆聰明鑒察條條秩秩智也皆智思深長皃穆穆肅肅敬也皆容儀謹敬諸諸便便辯也皆言辭辯給肅肅翼翼恭也皆恭敬廱廱優優和也皆和樂兢兢憴憴戒也皆戒愼戰戰蹌蹌動也皆恐動趨步晏晏溫溫柔也皆和柔業業翹翹危也皆懸危惴惴憢憢懼也皆危懼番番矯矯勇也皆壯

勇之貌桓桓烈烈威也皆嚴猛之貌洸洸赳赳武也

皆果毅之貌藹藹濟濟止也皆賢士盛多之容止悠悠洋洋

思也皆憂思蹶蹶踖踖敏也皆便速敏捷薨薨增增

衆也皆衆夥之貌烝烝遂遂作也皆物盛興作之貌委委

佗佗美也皆佳麗美艷之貌恀恀惕惕愛也詩云心焉惕惕

韓詩以爲悅人故言愛也恀恀未詳偁偁格格舉也皆舉持物蓁蓁

孼孼戴也皆頭戴物懕懕媞媞安也皆好人安詳之容祁

祁遲遲徐也皆安徐丕丕簡簡大也皆多大存存

萌萌在也萌萌未見所出懋懋慔慔勉也皆自勉強庸庸
慅慅勞也皆劬勞也赫赫躍躍迋也皆盛疾之貌綽綽
爰爰緩也皆寬緩也悠悠偁偁丕丕簡簡存存懋懋庸庸綽綽盡重語坎坎
墫墫喜也皆鼓舞懽喜瞿瞿休休儉也皆良士節儉旭
旭蹻蹻憍也皆小人得志憍蹇之貌夢夢訰訰亂也皆闇
亂懆懆邈邈悶也皆煩悶傮傮洄洄惛也皆迷惛
版版盪盪僻也皆邪僻爞爞炎炎薰也皆旱熱薰炙人
居居究究惡也皆相憎惡仇仇敖敖傲也皆傲慢賢者

佌佌瑣瑣小也皆才器細陋悄悄慘慘慍也皆賢人愁恨痯痯瘐瘐病也皆賢人失志懷憂病也殷殷惸惸忉忉慱慱欽欽京京忡忡惙惙怲怲弈弈憂也此皆作者歌事以詠心憂畇畇田也言貇辟也畟畟耜也言嚴利郝郝耕也言土解繹繹生也言種調穟穟苗也言茂好也緜緜穮也言芸精挃挃穫也刈禾聲栗栗衆也積聚緻溞溞淅也洮米聲烰烰烝也氣出盛俅俅服也謂戴弁服峨峨祭也謂執圭璋助祭鍠鍠樂也鍾鼓音穰穰

福也言饒多子子孫孫引無極也世世昌盛長無窮顒
顒卬卬君之德也道君人者之德望丁丁嚶嚶相切
直也丁丁斫木聲嚶嚶兩鳥鳴以喻朋友切磋相正藹藹萋萋臣盡
力也梧桐茂賢士衆地極化臣竭忠雝雝喈喈民協服也鳳皇
應德鳴相和百姓懷附與頌歌俳俳契契愈遐急也賦役不均小國困竭
賢人憂歎遠益急切宴宴粲粲尼居息也盛飾宴安近處優閑哀哀
悽悽懷報德也悲苦征役思所生也僬僬嘵嘵罹禍毒
也悼王道穢塞羨蟬鳴自得傷已失所遭讒賊晏晏旦旦悔爽忒也傷見

〔絕弃恨士失也〕皐皐瑣瑣，刺素食也。〔譏無功德尸寵祿也〕懽懽慅慅，憂無告也。〔賢者憂懼無所訴也〕憲憲洩洩，制法則也。〔佐興虐政設教令也〕謔謔謞謞，崇讒慝也。〔樂禍助虐增譖惡也〕翕翕訿訿，莫供職也。〔賢者陵替姦黨熾背公恤私曠職事〕速速蹙蹙，惟逑鞫也。〔陋人專祿國侵削賢士永哀念窮迫〕抑抑，密也。〔威儀審諦〕秩秩，清也。〔德音清泠〕甹夆，掣曳也。〔謂牽柂〕朔，北方也。〔謂幽朔〕不俟，不來也。〔不可待是不復來〕不遹，不蹟也。〔言不循軌跡也〕不徹，不道也。〔徹亦道也〕勿念，勿忘也。〔勿念念也〕萲諼忘也（義見伯兮考盤詩）每有雖也（詩曰每有良朋辭之雖也）饎酒食也（猶今云饎饌皆一語而兼通）舞號雩也（雩之祭舞者吁嗟而請雨）暨不及也（公羊傳曰及我欲之暨不得已暨不得已是不得及）蠢蝡不遜也（蠢蝡動爲惡不謙遜也）如切如磋道學也（骨象須切磋而爲器人須學問以成德）如琢如磨自脩也（玉石之被彫磨猶人自脩飾）瑟兮僩兮恂慄也（恒戰竦）赫兮烜兮威儀也（貌光宣）有斐君子終不可諼兮（斐文貌）道盛德至善民之不能忘也（常思詠）既微且尰骭瘍爲微尰足爲

尰（骭脚脛瘍創）是刈是穫鑊煑之也（煑葛爲絺綌）屨帝

武敏武迹也敏拇也（拇迹大指處）張仲孝友（周宣王時賢臣）

善父母爲孝善兄弟爲友有客宿宿

言再宿也有客信信言四宿也（再宿爲信重言之故知四宿）

美女爲媛（所以結好媛）美士爲彥（人所彥詠）其虛

其徐威儀容止也（雍容都雅之貌）猗嗟名兮目上爲

名（眉眼之閒）式微式微者微乎微者也（言至微）之子

者是子也（斥所詠）徒御不驚輦者也（步挽輦車）禮

裼肉袒也脫衣而見體暴虎徒搏也空手執也馮河徒涉也無舟楫籧篨口柔也籧篨之疾不能俯口柔之人視人顔色常亦不伏因以名云戚施面柔也戚施之疾不能仰面柔之人常俯似之亦以名云夸毗體柔也屈已卑身以柔順人也婆娑舞也舞者之容辟揥心也謂推胷也矜憐撫掩之也撫掩猶撫拍謂慰恤也緎羔裘之縫也縫飾羔皮之名殿屎呻也呻吟之聲幬謂之帳今江東亦謂帳爲幬侜張誑也書曰無或侜張爲幻幻惑欺誑人者譙昔昔也譙發語辭不辰不時也辰亦時也凡曲者爲罶毛詩傳曰罶曲

梁也凡以薄爲魚笱者名爲罶鬼之爲言歸也尸子曰古者謂死人爲歸人

釋親第四

父爲考母爲妣禮記曰生曰父母妻死曰考妣嬪今世學者從之案尚書曰大傷厥考心事厥考厥長聰聽祖考之彝訓如喪考妣公羊傳曰惠公者何隱之考也仲子者何桓之母也蒼頡篇曰考妣延年書曰嬪于虞詩曰聿嬪于京周禮有九嬪之官明此非死生之異稱矣其義猶今謂兄爲晜妹爲媦即是此例也

父之考爲王父父之妣爲王母加王者尊之

王父之考爲曾祖王父王父之妣爲曾祖王母曾猶重也

曾祖王父之考爲高祖王父

曾祖王父之妣爲高祖王母高者言最在上父之世父叔父爲從祖祖父父之世母叔母爲從祖祖母從祖而別世統異故父之晜弟先生爲世父後生爲叔父世有爲嫡者嗣世統故也男子先生爲兄後生爲弟男子謂女子先生爲姊後生爲妹父之姊妹爲姑父之從父晜弟爲從祖父父之從祖晜弟爲族父族父之子相謂爲族晜弟族晜弟之子相謂爲親同姓同姓之親無服屬

兄之子弟之子相謂爲從父晜弟（從父而別）子之子爲孫（孫猶後也）孫之子爲曾孫（曾猶重也）曾孫之子爲玄孫（玄者言親屬微昧也）玄孫之子爲來孫（言有往來之親）來孫之子爲晜孫（晜後也汲冢竹書曰不窋之晜孫）晜孫之子爲仍孫（仍亦重也）仍孫之子爲雲孫（言輕遠如浮雲）

王父之姊妹爲王姑　曾祖王父之姊妹爲曾祖王姑　高祖王父之姊妹爲高祖王姑　父之從父姊妹爲從祖姑　父之從祖姊

妹爲族祖姑父之從父晜弟之母爲從祖王母父之從祖晜弟之母爲族祖王母父之兄妻爲世母父之弟妻爲叔母父之從父晜弟之妻爲從祖母父之從祖晜弟之妻爲族祖母父之從祖祖父爲族曾王父父之從祖祖母爲族曾王母父之妾爲庶母祖王父也晜兄也今江東人通言晜

宗族

母之考爲外王父母之妣爲外王母母之
王考爲外曾王父母之王妣爲外曾王母
異姓故言外母之晜弟爲舅母之從父晜弟爲
從舅母之姊妹爲從母從母之男子爲從
母晜弟其女子子爲從母姊妹

母黨

妻之父爲外舅妻之母爲外姑謂我舅者吾謂之甥然則
亦宜呼壻爲甥孟子曰帝館甥于二室是姑之子爲甥舅之子爲甥

妻之晜弟爲甥，姊妹之夫爲甥。四人體敵，故更相爲甥。甥猶生也。今人相呼蓋依此。

妻之姊妹同出爲姨。同出謂俱已嫁。詩曰：邢侯之姨。

女子謂姊妹之夫爲私。詩曰：譚公維私。

男子謂姊妹之子爲出。公羊傳曰：蓋舅出。

女子謂晜弟之子爲姪。左傳曰：姪其從姑。

謂出之子爲離孫，謂姪之子爲歸孫，女子子之子爲外孫。

女子同出，謂先生爲姒，後生爲娣。同出謂俱嫁事一夫。公羊傳曰：諸侯娶一國，二國往媵之，以姪娣從。娣者何？弟也。此即其義也。

女子謂兄之妻爲嫂，弟之妻

爲婦猶今言新婦是也長婦謂稚婦爲娣婦娣婦謂長婦爲姒婦今相呼先後或云妯娌

妻黨

婦稱夫之父曰舅稱夫之母曰姑姑舅在則曰君舅君姑沒則曰先舅先姑國語曰吾聞之先姑謂夫之庶母爲少姑夫之兄爲兄公今俗呼兄鍾語之轉耳夫之弟爲叔夫之姊爲女公夫之女弟爲女妹今謂之女妹是也子之妻爲婦長婦

爲嫡婦衆婦爲庶婦女子子之夫爲壻壻之父爲姻婦之父爲婚父之黨爲宗族母與妻之黨爲兄弟婦之父母壻之父母相謂爲婚姻兩壻相謂爲亞詩曰瑣瑣姻亞今江東人呼同門爲僚壻婦之黨爲婚兄弟壻之黨爲姻兄弟古者皆謂婚姻爲兄弟嬪婦也書曰嬪于虞謂我舅者吾謂之甥也

婚姻

爾雅卷上

爾雅卷中　郭璞注

釋宮第五

宮謂之室室謂之宮（皆所以通古今之異語明同實而兩名）牖戶之間謂之扆（窻東戶西也禮云斧扆者以其所在處名之）其內謂之

家今人稱家義出於此東西牆謂之序所以序別內外西南隅謂之奧室中隱奧之處西北隅謂之屋漏詩曰尚不媿於屋漏其義未詳東北隅謂之宧宧見禮亦未詳東南隅謂之窔禮曰埽室聚窔窔亦隱闇柣謂之閾閾門限棖謂之楔門兩旁木楣謂之梁門戶上橫梁樞謂之椳門戶扉樞樞達北方謂之落時門持樞者或達北檼以爲固也落時謂之戹道二名也垝謂之坫在堂隅坫端也牆謂之墉書曰既勤垣墉鏝謂之杇泥鏝椹謂之榩斫木櫍也地謂之黝黑飾地也牆謂之堊白飾

墻也樴謂之杙（橜也）在墻者謂之楎（禮記曰不敢縣於夫之楎椸）在地者謂之臬（即門橜也）大者謂之栱長者謂之閣（別杙所在長短之名）闍謂之臺（積土四方）有木者謂之榭（臺上起屋）雞棲於弋爲榤鑿垣而棲爲塒（今寒鄉穿牆棲雞皆見詩）植謂之傳傳謂之突（戶持鏁植也見埤蒼）杗廇謂之梁（屋大梁也）其上楹謂之梲（侏儒柱也）閞謂之槉（柱上欂也亦名枅又曰楷）栭謂之楶（即櫨也）棟謂之桴（屋檼）桷謂之榱（屋椽）桷直而遂謂之閱（謂五架屋際椽正相當）

直不受檐謂之交謂五架屋際椽不直上檐交於檼上檐謂之
樀屋梠容謂之防形如今牀頭小曲屏風唱射者所以自防隱見周禮連謂
之簃堂樓閣邊小屋今呼之簃廚連觀也屋上薄謂之筄屋笮兩階
間謂之鄉人君南鄉當階閒中庭之左右謂之位羣臣
之列位也門屏之間謂之宁人君視朝所宁立處屏謂之樹
小牆當門中閍謂之門詩曰祝祭於祊正門謂之應門朝門
觀謂之闕宮門雙闕宮中之門謂之闈謂相通小門也其
小者謂之閨小閨謂之閤大小異名衖門謂之閎

左傳曰盟諸僖閎閎衖頭門門側之堂謂之塾夾門堂也橛謂之闑門閫閾謂之扉公羊傳曰齒著于門闔所以止扉謂之閎門辟旁長橛也左傳曰高其閈閎閎長杙即門橜也瓴甋謂之甓甗甎也今江東呼瓴甓宮中衖謂之壼巷閤間道廟中路謂之唐詩曰中唐有甓堂途謂之陳堂下至門徑也路旅途也途即道也路場猷行道也博說道之異名一達謂之道路長道二達謂之岐旁岐道旁出也三達謂之劇旁今南陽冠軍樂鄉數道交錯俗呼之五劇鄉四達謂之衢交道四出五達謂

之康史記所謂康莊之衢六達謂之莊左傳曰得慶氏之木百車於莊七達謂之劇驂三道交復有一岐出者今北海劇縣有此道八達謂之崇期四道交出九達謂之逵四道交出復有旁通室中謂之時堂上謂之行堂下謂之步門外謂之趨中庭謂之走大路謂之奔此皆人行步趨走之處因以名云隄謂之梁即橋也或曰石絕水者爲梁見詩傳石杠謂之徛聚石水中以爲步渡彴也孟子曰歲十月徒杠成或曰今之石橋室有東西廂曰廟夾室前堂無東西廂有室曰寢但有大室無室曰榭榭即

今堂堭四方而高曰臺陜而脩曲曰樓脩長也

釋器第六

木豆謂之豆豆禮器也竹豆謂之籩籩亦禮器瓦豆謂之登即膏登也盎謂之缶盆也甌瓿謂之瓵瓿甊小甖長沙謂之瓵康瓠謂之甈瓠壺也賈誼曰寶康瓠是也斪斸謂之定鋤屬斫謂之鐯钁也斛謂之疀皆古鍬鍤字緵罟謂之九罭九罭魚罔也今之百囊罟是亦謂之䍡今江東呼爲緵嫠婦之笱謂之罶毛詩傳曰罶曲梁也謂以薄爲魚笱罺謂

之汕今之撩罟篧謂之罩捕魚籠也槮謂之涔今之作槮
者聚積柴木於水中魚得寒入其裏藏隱因以簿圍捕取之鳥罟謂之羅謂羅絡之
兔罟謂之罝罝猶遮也見詩麋罟謂之罞冒其頭也彘罟
謂之羉羉幕也魚罟謂之罛最大罟也今江東云繴謂之
罿罿罬也罬謂之罦罦覆車也今之翻車也有兩轅
中施罥以捕鳥展轉相解廣異語絇謂之救救絲以爲絇或曰亦罥名律謂
之分律管可以分氣大版謂之業築牆版也繩之謂之縮
之縮者約束之詩曰縮版以載彝卣罍器也皆盛酒尊彝其揔名小罍

謂之坎罍形似壺大者受一斛衣統謂之視衣縷也齊人謂之攣或曰袿衣之飾黼領謂之襮繡刺黼文以褗領緣謂之純衣緣飾也袸謂之褮衣開孔也衣眥謂之襟交領衱謂之裾衣後裾也衿謂之袸衣小帶佩衿謂之褑佩玉之帶上屬執衽謂之袺持衣上衽扱衽謂之襭扱衣上衽於帶衣蔽前謂之襜今蔽膝也婦人之褘謂之縭縭緌也即今之香纓也褘邪交落帶繫於體因名爲褘緌繫也裳削幅謂之纀削殺其幅深衣之裳輿革前謂之鞎以韋靶車軾後謂之笰以韋靶後

戶竹前謂之禦以簟衣軾後謂之蔽以簟衣後戶環謂之捎著車衆環鑣謂之钀馬勒旁鐵載轡謂之轙車軛上環轡所貫也轡首謂之革轡靶勒見詩餀謂之餗說物臭也食饐謂之餲飯饖臭見論語摶者謂之糷飯相著米者謂之檗飯中有腥肉謂之敗臭壞魚謂之餒肉爛肉曰脫之剝其皮也今江東呼麋鹿之屬通爲肉魚曰斮之謂削鱗也冰脂也莊子云肌膚若冰雪冰雪脂膏也肉謂之羹肉臛也廣雅曰湆見左傳魚謂之鮨鮨鮓屬也見公食大夫禮肉謂之醢肉醬有骨者謂之

臡（雜骨醬見周禮）康謂之蠱（米皮）澱謂之垽（滓澱也今江東呼垽）鼎絕大謂之鼐（鼎最大者）圜弇上謂之鼒（鼎斂上而小口）附耳外謂之釴（鼎耳在表）款足者謂之鬲（鼎曲脚也）䰝謂之鬵（詩曰既之釜鬵）鬵鉹也（涼州呼鉹）璲瑞也（詩曰鞙鞙佩璲璲者玉瑞）玉十謂之區（雙玉曰瑴五瑴爲區）羽本謂之翮（鳥羽根也）一羽謂之箴十羽謂之縳百羽謂之緷（別羽數多少之名）木謂之虡（縣鐘磬之木植者名虡）旄謂之藣（旄牛尾也）菜謂之蔌（蔌者菜茹之揔名見詩）白蓋謂之苫（白茅苫也）

也今江東呼爲蓋

黃金謂之璗其美者謂之鏐白金謂之銀其美者謂之鐐 此皆道金銀之別名及精者鏐即紫磨金 鉼金謂之鈑 周禮曰祭五帝即供金鈑是也 錫謂之鈏 白鑞 象謂之鵠角謂之觷犀謂之剒木謂之剫玉謂之雕 左傳曰山有木工則剫之五者皆治樸之名 金謂之鏤木謂之刻骨謂之切象謂之磋玉謂之琢石謂之磨 六者皆治器之名 璆琳玉也 璆琳美玉名 簡謂之畢 今簡札也 不律謂之筆 蜀人呼筆爲不律也語之變轉 滅謂之點 以筆滅字

爲點

絕澤謂之銑銑即美金言最有光澤也國語曰玦之以金銑者謂此也金鏃翦羽謂之鍭今之錍箭是也骨鏃不翦羽謂之志今之骨骲是也弓有緣者謂之弓緣者繳纏之即今宛轉也無緣者謂之弭今之角弓也左傳曰左執鞭弭以金者謂之銑以蜃者謂之珧以玉者謂之珪用金蚌玉飾弓兩頭因取其類以爲名珧小蚌珪大尺二寸謂之玠詩曰錫爾玠珪璋大八寸謂之琡璋半珪也璧大六寸謂之宣漢書所云瑄玉是也肉倍好謂之璧肉邊好孔好倍肉謂之瑗孔大而邊小肉好

若一謂之環邊孔適等纋綬也即佩玉之組所以連繫瑞玉者因通謂之縌一染謂之縓今之紅也再染謂之赬淺赤三染謂之纁纁絳也青謂之葱淺青黑謂之黝黝黑貌周禮曰陰祀用黝牲斧謂之黼黼文畫斧形因名云邸謂之柢根柢皆物之邸邸即底通語也雕謂之琢治玉名也蓐謂之茲公羊傳曰屬負茲茲者蓐席也竿謂之箷衣架簀謂之笫牀版革中絕謂之辨中斷皮也革中辨謂之韏復分半也鏤鋑也刻鏤物為鋑卣中尊也不大不小者

釋樂第七

宮謂之重商謂之敏角謂之經徵謂之迭羽謂之柳（皆五音之別名其義未詳）大瑟謂之灑（長八尺一寸廣一尺八寸二十七絃）大琴謂之離（或曰琴大者二十七絃未詳長短廣雅曰琴長三尺六寸六分五絃）大鼓謂之鼖（鼖長八尺）小者謂之應（詩曰應朄縣鼓在大鼓側）大磬謂之毊（毊形似犁錧以玉石爲之）大笙謂之巢（列管瓠中施簧管端大者十九簧）小者謂之和（十三簧者鄉射記曰三笙一和而成聲）大篪謂之沂（篪以竹爲之長尺四寸圍三寸一孔上出寸三分名翹橫吹之小者

尺二寸廣雅云八孔大塤謂之嘂塤燒土爲之大如鵝子銳上平底形如稱錘六孔小者如雞子大鐘謂之鏞書曰笙鏞以閒亦名鑮音博其中謂之剽小者謂之棧大簫謂之言編二十三管長尺四寸小者謂之筊十六管長尺二寸簫一名籟大管謂之簥管長尺圍寸併漆之有底賈氏以爲如篪六孔其中謂之篞小者謂之篎大籥謂之產籥如笛三孔而短小廣雅云七孔其中謂之仲小者謂之箹徒鼓瑟謂之步獨作之徒吹謂之和徒歌謂之謠詩云我歌且謠徒擊鼓謂之咢詩曰或歌

或咢徒鼓鐘謂之修徒鼓磬謂之寋未見義所出

所以鼓柷謂之止柷如漆桶方二尺四寸深一尺八寸中有椎柄連底挏之令左右擊止者其椎名

所以鼓敔謂之籈敔如伏虎背上有二十七鉏鋙刻以木長尺櫟之籈者其名

大鼗謂之麻小者謂之料麻者音概而長也料者聲清而不亂

和樂謂之節

釋天第八

穹蒼蒼天也天形穹隆其色蒼蒼因名云

春爲蒼天萬物蒼蒼然生

夏爲昊天言氣皓旰

秋爲旻天旻猶愍也愍萬物彫落

冬

爲上天（言時無事在上臨下而已）

四時

春爲青陽（氣青而溫陽）夏爲朱明（氣赤而光明）秋爲白藏（氣白而收藏）冬爲玄英（氣黑而清英）四氣和謂之玉燭（道光照）春爲發生夏爲長嬴秋爲收成冬爲安寧（此亦四時之别號尸子皆以爲太平祥風）四時和爲通正（道平暢也）謂之景風（所以致景風）甘雨時降萬物以嘉（莫不善之）謂之醴泉（所以出醴泉）

祥

穀不熟爲饑（五穀不成）蔬不熟爲饉（凡草菜可食者通名爲蔬）果不熟爲荒（果木子）仍饑爲荐（連歲不熟左傳曰今又荐饑）

災

太歲在甲曰閼逢在乙曰旃蒙在丙曰柔兆在丁曰強圉在戊曰著雍在己曰屠維在庚曰上章在辛曰重光在壬曰玄黓在癸曰昭陽

歲陽

太歲在寅曰攝提格在卯曰單閼在辰曰執徐在巳曰大荒落在午曰敦牂在未曰協洽在申曰涒灘在酉曰作噩在戌曰閹茂在亥曰大淵獻在子曰困敦在丑曰赤奮若載歲也夏曰歲（取歲星行一次）商曰祀（取四時一終）周曰年（取禾一熟）唐虞曰載（取物終更始）

歲名

月在甲曰畢在乙曰橘在丙曰修在丁曰圉在戊曰厲在己曰則在庚曰窒在辛曰塞在壬曰終在癸曰極

月陽

正月爲陬（離騷云攝提貞於孟陬）二月爲如三月爲寎四月爲余五月爲臯六月爲且七月爲相八月爲壯九月爲玄（國語云至於玄月是也）十月爲陽（純陰用事嫌於無陽故以名云）十一月爲辜十二月爲涂（皆月

之别名自歲陽至此其事義皆所未詳通者故闕而不論

月名

南風謂之凱風詩曰凱風自南東風謂之谷風詩云習習谷風北風謂之涼風詩云北風其涼西風謂之泰風詩曰泰風有隧焚輪謂之穨暴風從上下扶搖謂之猋暴風從下上風與火爲庉庉庉熾盛之貌迴風爲飄旋風也日出而風爲暴詩曰終風且暴風而雨土爲霾詩曰終風且霾陰而風爲曀詩曰終風且曀天氣下地不應曰霿

書蒙昧地氣發天不應曰霿霧謂之晦言晦冥

螮蝀謂之雩螮蝀虹也俗名爲美人虹江東呼雩音芌蜺爲挈貳蜺雌虹也見離騷挈貳其別名見尸子弇日爲蔽雲即暈氣五彩覆日也疾雷爲霆霓雷之急激者謂霹靂雨霓爲霄雪詩曰如彼雨雪先集維霓霓水雪雜下者故謂之消雪暴雨謂之涷今江東呼夏月暴雨爲涷雨離騷云令飄風兮先驅使涷雨兮灑塵是也涷音東西之東小雨謂之霢霂詩曰益之以霢霂久雨謂之淫左傳曰天作淫雨淫謂之霖雨自三日已上爲霖濟謂之霽今南陽人呼雨止爲霽霽音薺

風雨

壽星角亢也數起角亢列宿之長故曰壽天根氐也角亢下繫於氐若木之有根天駟房也龍爲天馬故房四星謂之天駟大辰房心尾也龍星明者以爲時候故曰大辰大火謂之大辰大火心也在中最明故時候主焉析木謂之津即漢津也箕斗之閒漢津也箕龍尾斗南斗天漢之津梁星紀斗牽牛也牽牛斗者日月五星之所終始故謂之星紀玄枵虛也虛在正北北方色黑枵之言秏秏亦虛意顓頊之虛虛也顓頊水德位在北方北陸虛也虛星之名凡四營室謂之

定定正也作宮室皆以營室中爲正娵觜之口營室東壁也營室東壁星四方似口因名云降婁奎婁也奎爲溝瀆故名降大梁昴也西陸昴也昴西方之宿別名旄頭濁謂之畢掩兔之畢或呼爲濁因星形以名咮謂之柳咮朱鳥之口柳鶉火也鶉鳥名火屬南方北極謂之北辰北極天之中以正四時河鼓謂之牽牛今荊楚人呼牽牛星爲檐鼓檐者荷也明星謂之啓明太白星也晨見東方爲啓明昏見西方爲太白彗星爲欃槍亦謂之孛言其形孛孛似埽彗奔星爲彴約流星

星名

春祭曰祠[祠之言食]夏祭曰礿[新菜可汋]秋祭曰嘗[嘗新穀]冬祭曰蒸[進品物也]祭天曰燔柴[既祭積薪燒之]祭地曰瘞薶[既祭埋藏之]祭山曰庪縣[或庪或縣置之於山山海經曰縣以吉玉是也]祭川曰浮沈[投祭水中或浮或沈]祭星曰布[布散祭於地]祭風曰磔[今俗當大道中磔狗云以止風此其象]是禷是禡師祭也[師出征伐類於上帝禡於所征之地]既伯既禱馬祭也[伯祭馬祖也將用馬力必先祭其先]禘大祭也[五年一大祭]繹又祭也[祭之明日]

尋繹復祭周曰繹春秋經曰壬午猶繹商曰肜書曰高宗肜日夏曰復胙未見義所出

祭名

春獵爲蒐搜索取不任者夏獵爲苗爲苗稼除害秋獵爲獮順殺氣也冬獵爲狩得獸取之無所擇宵田爲獠管子曰獠獵畢弋今江東亦呼獵爲獠音遼或曰即今夜獵載鑪照也火田爲狩放火燒草獵亦爲狩乃立冢土戎醜攸行冢土大社戎醜大衆起大事動大衆必先有事乎社而後出謂之宜有事

祭也周官所謂宜乎社振旅闐闐振旅整衆闐闐羣行聲出爲治兵尚威武也幼賤在前貴勇力入爲振旅反尊卑也尊老在前復常儀也

講武

素錦綢杠以白地錦韜旗之竿纁帛縿纁帛絳也縿衆旒所著素陞龍于縿畫白龍於縿令上向練旒九練絳練也飾以組用綦組飾旒之邊維以縷用朱縷維連持之不欲令曳地周禮曰六人維王之太常是也緇廣充幅長尋曰旐帛全幅長八尺繼旐曰旆帛續旐末爲燕尾者義見

詩注旄首曰旌載旄於竿頭如今之幢亦有旒有鈴曰旂縣鈴於竿頭畫交龍於旒錯革鳥曰旟此謂合剥鳥皮毛置之竿頭即禮記云載鴻及鳴鳶因章曰旃以帛練爲旒因其文章不復畫之周禮云通帛爲旃

旌旂

釋地第九

兩河間曰冀州自東河至西河河南曰豫州自南河至漢河西曰雝州自西河至黑水漢南曰荆州自漢南至衡山之陽江南曰楊州自江南至海濟河間曰兖州自河東至濟

濟東曰徐州自濟東至海燕曰幽州自易水至北狄齊曰營州自岱東至海此蓋殷制

九州

魯有大野今高平鉅野縣東北大澤是也晉有大陸今鉅鹿北廣河澤是也秦有楊陓今在扶風汧縣西宋有孟諸今在梁國睢陽縣東北楚有雲夢今南郡華容縣東南巴丘湖是也吳越之閒有具區今吳縣南太湖即震澤是也齊有海隅海濱廣斥燕有昭余祁今太原鄔陵縣北九澤是也鄭有圃田今滎陽中牟縣西圃田澤是也

周有焦護今扶風池陽縣瓠中是也

十藪

東陵阠南陵息慎西陵威夷中陵朱滕北陵西隃鴈門是也即鴈門山也陵莫大於加陵今所在未聞梁莫大於湨梁湨水名梁隄也墳莫大於河墳墳大防

八陵

東方之美者有醫無閭之珣玗琪焉醫無閭山

名今在遼東珣玗琪玉屬

東南之美者有會稽之竹箭焉會稽山名今在山陰縣南竹箭篠也

南方之美者有梁山之犀象焉犀牛皮角象牙骨

西南之美者有華山之金石焉黃金礝石之屬

西方之美者有霍山之多珠玉焉霍山今在平陽永安縣東北珠如今雜珠而精好

西北之美者有崐崘虛之璆琳琅玕焉璆琳美玉名琅玕狀似珠也山海經曰崐崘山有琅玕樹

北方之美者有幽都之筋角焉幽都山名謂多野牛筋角

東北之美者有斥山之文皮焉虎豹之屬皮有縟綵

者中有岱岳與其五穀魚鹽生焉言泰山有魚鹽之饒

九府

東方有比目魚焉不比不行其名謂之鰈狀似牛脾鱗細紫黑色一眼兩片相合乃得行今水中所在有之江東又呼爲王餘魚南方有比翼鳥焉不比不飛其名謂之鶼鶼似鳧青赤色一目一翼相得乃飛西方有比肩獸焉與邛邛岠虛比爲邛邛岠虛齧甘草即有難邛邛岠虛負而走其名謂之蟨呂氏春秋曰北方有獸其名爲蟨鼠前而兔後趨則

頓走則顛然則邛邛岠虛亦宜鼠後而兔前前高不得取甘草故須蟨食之今鴈門廣武縣夏屋山中有獸形如兔而大相負共行土俗名之為蟨鼠音厥

北方有比肩民焉迭食而迭望此即半體之人各有一目一鼻一孔一臂一脚亦猶魚鳥之相合更望備驚急

中有枳首蛇焉岐頭蛇也或曰今江東呼兩頭蛇為越王約髮亦名弩弦

此四方中國之異氣也

五方

邑外謂之郊郊外謂之牧牧外謂之野野外謂之林林外謂之坰邑國都也假令百里之國五十里之界界各十

重也下溼曰隰大野曰平廣平曰原高平曰陸大陸曰阜大阜曰陵大陵曰阿可食者曰原可種穀給食陂者曰阪陂陀不平下者曰溼公羊傳曰下平曰隰田一歲曰菑今江東呼初耕地反草爲菑二歲曰新田詩曰于彼新田三歲曰畬易曰不菑畬

野

東至於泰遠西至於邠國南至於濮鈆北至於祝栗謂之四極皆四方極遠之國觚竹北戶西

王母日下謂之四荒觚竹在北北戶在南西王母在西日下在東皆四方昏荒之國次四極者九夷八狄七戎六蠻謂之四海九夷在東八狄在北七戎在西六蠻在南次四荒者岠齊州以南戴日爲丹穴岠去也齊中也北戴斗極爲空桐戴值東至日所出爲太平西至日所入爲太蒙即蒙汜也太平之人仁丹穴之人智太蒙之人信空桐之人武地氣使之然也

四極

釋丘第十

丘一成爲敦丘成猶重也周禮曰爲壇三成今江東呼地高堆者爲敦再成爲陶丘今濟陰定陶城中有陶丘再成銳上爲融丘鐵頂者三成爲崐崘丘崐崘山三重故以名云如乘者乘丘形似車乘也或云乘謂稻田塍埒如陼者陼丘水中小洲爲陼水潦所止泥丘頂上汙下者方丘胡丘形四方絕高爲之京人力所作非人爲之丘地自然生水潦所還埒丘謂丘邊有界埒水繞環之上正章丘頂平澤中有丘都丘在池澤中當途

梧丘〔途道〕途出其右而還之畫丘〔言爲道所規畫〕途出其前戴丘〔道出丘南〕途出其後昌丘〔道出丘北〕水出其前渻丘水出其後沮丘水出其右正丘水出其左營丘〔今齊之營丘淄水過其南及東〕如覆敦者敦丘〔敦盂也〕邐迤沙丘〔旁行連延〕左高咸丘右高臨丘前高旄丘〔詩云旄丘之葛兮〕後高陵丘偏高阿丘〔詩云陟彼阿丘〕宛中宛丘〔宛謂中央隆高〕丘背有丘爲負丘〔此解宛丘中央隆峻狀如負一丘於背上〕左澤定丘右陵泰丘〔宋有太丘社亡〕

(見史記)如畝畝丘(丘有壟界如田畝)如陵陵丘(陵大阜也)丘上有丘為宛丘(嫌人不了故重曉之)陳有宛丘(今在陳郡陳縣)晉有潛丘(今在太原晉陽縣)淮南有州黎丘(今在壽春縣)天下有名丘五其三在河南其二在河北(說者多以州黎宛營為河南潛敦為河北者案此方稱天下之名丘恐此諸丘碌碌未足用當之殆自別更有魁梧桀大者五但未詳其名號今者所在耳)

丘

望厓洒而高岸(厓水邊洒謂深也視厓峻而水深者曰岸)夷上洒下

不漘厓上平坦而下水深者爲漘不發聲隩隈今江東呼爲浦隩。淮南子曰漁者不爭隈

厓內爲隩外爲隈別厓表裏之名畢堂牆今終南山道名畢其邊若堂之牆重厓岸兩厓累者爲岸岸上滸岸上地墳大防謂隄涘爲厓謂水邊窮瀆汜水無所通者谷者溦通於谷

厓岸

釋山第十一

河南華華陰山河西嶽吳嶽河東岱岱宗泰山河北恒北嶽恒山江南衡衡山南嶽山三襲陟襲亦重再成英

兩山相重一成坯書曰至于大伾山大而高崧今中嶽嵩高山蓋依此名

山小而高岑言岑崟銳而高嶠言纖峻卑而大扈扈廣貌小而眾巋小山叢羅小山岌大山峘岌謂高過

屬者嶧言駱驛相連屬獨者蜀蜀亦孤獨上正章山上平

宛中隆山中央高山脊岡謂山長脊未及上翠微近上旁陂

山頂冢山巔崒者厜㕒謂山峯頭巉巖山如堂者密謂山形似堂室者尸子曰松柏之鼠不知堂密之有美樅如防者盛防隄巒山隋謂山形長狹者荊州謂之巒詩曰隋山喬嶽重甗隒謂山形如累兩甗甗甑山狀似之因以名云

左右有岸厒夾山有岸大山宮小山霍宮謂圍繞之禮記曰
君爲廬宮之是也小山別大山鮮不相連山絶陘連山中斷絶
多小石磝多礓礫多大石礐多盤石多草木岵無
草木峐皆見詩山上有水埒有停泉夏有水冬無
水嶨有停潦山瀆無所通谿所謂窮瀆者雖無所通與水注川同
名石戴土謂之崔嵬石山上有土者土戴石爲砠
土山上有石者山夾水澗陵夾水澞別山陵間有水者之名山有
穴爲岫謂巖穴山西曰夕陽暮乃見日山東曰朝陽旦

旦即見日泰山爲東嶽華山爲西嶽霍山爲南嶽即天柱山潛水所出恒山爲北嶽常山嵩高爲中嶽大室山也梁山晉望也晉國所望祭者今在馮翊夏陽縣西北臨河上

釋水第十二

泉一見一否爲瀸瀸纔有貌井一有水一無水爲瀱汋山海經曰天井夏有水冬無水即此類也濫泉正出正出涌出也公羊傳曰直出直猶正也沃泉縣出縣出下出也從上溜下氿泉穴出穴出仄出也從旁出也湀闢流川

通流過辨回川旋流灉反入即河水決出復還入者河之有灉猶江之有沱
潬沙出今江東呼水中沙堆爲潬音但汧出不流水泉潛出便自停成汙池
歸異出同流肥毛詩傳曰所出同所歸異爲肥瀵大出尾下
今河東汾陰縣有水口如車輪許濆沸涌出其深無限名之爲瀵馮翊郃陽縣復有瀵亦如之相去數里而夾
河河中陼上又有一瀵瀵源皆潛相通在汾陰者人壅其流以爲陂種稻呼其本所出處爲瀵魁此是也尾猶
底也水醮曰厬謂水醮盡水自河出爲灉書曰灉沮會同濟爲
濋汶爲瀾洛爲波漢爲潛書曰沱潛既道淮爲滸江
爲沱書曰岷山導江東別爲沱過爲洵潁爲沙汝爲濆詩曰

瀵彼汝濆皆大水溢出別爲小水之名

水決之澤爲汧（水決入澤中者亦名爲汧）

決復入爲汜（水出去復還）

河水清且瀾漪大波爲瀾（言渙瀾）

小波爲淪（言蘊淪）

直波爲徑（言徑涏）

江有沱河有灉汝有濆（此故上水別出耳所作者重見）

滸水厓（水邊地）

水草交爲湄（詩曰居河之湄）

濟有深涉（謂濟渡之處）

深則厲淺則揭揭者揭衣也（謂褰裳也）

以衣涉水爲厲（衣謂褌）

繇膝以下爲揭繇膝以上爲涉繇帶以上爲厲（繇自也）

潛行爲泳（水底行也晏子

春秋曰潛行逆流百步順流七里汎汎楊舟紼縭維之紼繂也繂索縭緌也緌繫天子造舟比船為橋諸侯維舟維連四船大夫方舟併兩船士特舟單船庶人乘泭併木以渡水注川曰谿注谿曰谷注谷曰溝注溝曰澮注澮曰瀆此皆道水轉相灌注所入之處名逆流而上曰泝洄順流而下曰泝游皆見詩正絶流曰亂直横渡也書曰亂于河江河淮濟為四瀆四瀆者發源注海者也

水泉

水中可居者曰洲，小洲曰陼，小陼曰沚，小沚曰坻。人所爲爲潏。人力所作

水中

河出崐崘虛，色白。山海經曰：河出崐崘西北隅。虛，山下基也。所渠并千七百一川，色黃。潛流地中，汨漱沙壤，所受渠多，衆水溷淆，宜其濁黃。百里一小曲，千里一曲一直。公羊傳曰：河曲流，河千里一曲一直。

河曲

徒駭今在成平縣義所未聞太史今所在未詳馬頰河勢上廣下狹狀如馬頰覆鬴水中可居往往而有狀如覆釜胡蘇東莞縣今有胡蘇亭其義未詳簡水道簡易絜水多約絜鉤盤水曲如鉤流盤桓也鬲津水多阨狹可隔以爲津而橫渡

九河

從釋地已下至九河皆禹所名也

爾雅卷中

爾雅卷下　郭璞注

釋草第十三

藿山韭茖山葱葝山䪥蒚山蒜今山中多有此菜皆如人家所種者茖葱細莖大葉薜山蘄廣雅曰山蘄當歸當歸今似蘄而麤大椴木

槿櫬木槿別二名也似李樹華朝生夕隕可食或呼曰及亦曰王蒸朮山薊本草
云朮一名山薊今朮似薊而生山中楊枹薊似薊而肥大今呼之馬薊葥王蔧王帚
也似藜其樹可以爲埽蔧江東呼之曰落帚菉王芻菉蓐也今呼鴟脚莎拜蔏藋
蔏藋亦似藜蘩皤蒿白蒿蒿菣今人呼青蒿香中炙啖者爲菣蔚牡
菣無子者齧彫蓬薦黍蓬別蓬種類蔖鼠莞亦莞
屬也纖細似龍須可以爲席蜀中出好者葝鼠尾可以染皁菥蓂大薺似薺
葉細俗呼之曰老薺蒤虎杖似紅草而麤大有細刺可以染赤孟狼尾似茅
今人亦以覆屋瓠棲瓣瓠中瓣也詩云齒如瓠棲茹藘茅蒐今之蒨也可以

倮絳果臝之實栝樓今齊人呼之爲天瓜荼苦菜詩曰誰謂荼苦苦菜可食萑蓷今茺蔚也葉似荏方莖白華華生節間又名益母廣雅云虉綬小草有雜色似綬粢稷今江東人呼粟爲粢衆秫謂黏粟也戎叔謂之荏菽即胡豆也卉草百草揔名蕘雀弁未詳蘥雀麥即燕麥也蘾烏蕵萰菟荄蘩菟蒵皆未詳黃菟瓜菟瓜似土瓜茢薽豕首本草曰彘盧一名蟾蠩蘭今江東呼豨首可以熷蠶蛹荓馬帚似蓍可以爲埽彗藱懷羊未詳茭牛蘄今馬蘄葉細銳似芹亦可食葖蘆萉萉宜爲菔蘆菔蕪菁屬紫華大根俗呼雹葖淔灌未詳

菌芝（芝一歲三華瑞草）筍竹萌（初生者）簜竹（竹別名儀禮曰簜在建鼓之閒謂簫管之屬）莪蘿（今莪蒿也亦曰藘蒿）苨菧苨（薺苨）經履（未詳）

莕接余其葉苻（叢生水中葉圓在莖端長短隨水深淺江東食之亦呼為莕音杏）白華野菅（菅茅屬詩曰白華菅兮）薜白蘄（即上山蘄）菲芴（即土瓜也）葍（大葉白華根如指正白可啖）熒委萎（藥草也葉似竹大者如箭竿有節葉狹而長表白裏青根大如指長一二尺可啖）葋芋熒（未詳）竹萹蓄（似小藜赤莖節好生道旁可食又殺蟲）葴寒漿（今酸漿草江東呼曰苦葴音針）薢茩芵茪（芵明也葉黃銳赤華實如山茱萸或曰蔆也關西謂之薢茩音皆）莁荑蔱蘠

一名自賁瓞瓝其紹瓞俗呼瓝瓜為瓞紹者瓜蔓緒亦著子但小如瓝芍鳧
茈生下田苗似龍須而細根如指頭黑色可食蘱薡董似蒲而細蕛
苵蕛似稗布地生穢草鉤芺大如拇指中空莖頭有臺似薊初生可食蘬鴻薈
即䪥菜也蘇桂荏蘇荏類故名桂荏薔虞蓼虞蓼澤蓼蓧蓨未詳
虋赤苗今之赤粱粟芑白苗今之白粱粟皆好穀秬黑黍詩曰
維秬維秠秠一稃二米此亦黑黍但中米異耳漢和帝時任城生黑黍或三四實實二
米得黍三斛八斗是稌稻今沛國呼稌葍藑茅葍華有赤者為藑藑葍一種耳
亦猶菱苕華黃白異名臺夫須鄭箋詩云臺可以為禦雨笠藆藅未詳

莔貝母根如小貝員而白華葉似韭　莪蚍衃今荊葵也似葵紫色謝氏云小草多華少葉葉又翹起　艾冰臺今艾蒿　蕈亭歷實葉皆似芥一名狗薺廣雅云音典　苻鬼目今江東有鬼目草莖似葛葉員而毛子如耳璫也赤色叢生　薜庾草未詳　蔜蕿蔞今蘩蔞也或曰鷄腸草　離南活莌草生江南高丈許大葉莖中有瓤正白零陵人祖曰貫之爲樹　蘢天蘥　須葑蓯未詳　蒡隱荵似蘇有毛今江東呼爲隱荵藏以爲葅亦可瀹食　茜蔓于草生水中一名軒于江東呼茜音猶　蓾蔖作履苴草　柱夫搖車蔓生細葉紫華可食今俗呼曰翹搖車　出隧蘧蔬蘧蔬似土菌生菰草中今江東啖之甜滑音氊氍毹

蘄茝蘼蕪香草葉小如萎狀淮南子云似蛇牀山海經曰臭如蘼蕪茨蒺蔾布地蔓生細葉子有三角刺人見詩蘮蒘竊衣似芹可食子大如麥兩兩相合有毛著人衣髦顛蕀細葉有刺蔓生一名商蕀廣雅云女木也雚芄蘭雚芄蔓生斷之有白汁可啖薚莐藩生山上葉如韭一曰提母蕍蕮今澤蕮鹿藿其實莥今鹿豆也葉似大豆根黃而香蔓延生薃侯莎其實媞夏小正曰薃也者莎隨媞者其實莞苻蘺其上蒚今西方人呼蒲爲莞蒲蒚謂其頭臺首也今江東謂之苻蘺西方亦名蒲中莖爲蒚用之爲席音羽翮荷芙渠別名芙蓉江東呼荷其莖茄其葉蕸其本蔤莖下白蒻

在泥中者其華菡萏見詩其實蓮蓮謂房也其根藕其中的蓮中子也的中薏中心苦紅蘢古其大者蘬俗呼紅草為蘢鼓語轉耳蒫薺實薺子名蕡枲實禮記曰苴麻之有蕡枲麻別二名須蕵蕪蕵蕪似羊蹄葉細味酢可食菲蒠菜菲草生下溼地似蕪菁華紫赤色可食蕢赤莧今之莧赤莖者蘠蘼虋冬門冬一名滿冬本草云萹苻止未詳濼貫衆葉貟銳莖毛黑布地冬不死一名貫渠廣雅云貫節莙牛藻似藻葉大江東呼為馬藻遂薚馬尾廣雅曰馬尾蔏陸本草云別名薚今關西亦呼為薚江東呼為當陸苹蓱水中浮蓱江東謂之

薸音瓢其大者蘋詩曰于以采蘋莃菟葵頗似葵而小葉狀如藜有毛汋啖之滑芹楚葵今水中芹菜藚牛蘈今江東呼草為牛蘈者高尺餘許方莖葉長而銳有穗穗間有華華紫縹色可淋以為飲藚牛脣毛詩傳曰水蕮也如續斷寸寸有節拔之可復苹藾蕭今藾蒿也初生亦可食連異翹一名連苕又名連草本草云澤烏蕵即上蕵也傅橫目一名結縷俗謂之鼓箏草釐蔓華一名蒙華蔆蕨攗蔆今水中芰大菊蘧麥一名麥句薑即瞿麥薜牡蘈未詳葥山莓今之木莓也實似藨莓而大亦可食齧苦堇今堇葵也葉似柳子如米汋食之滑藫石衣水苔也一名石

髮江東食之或曰藫葉似薤而大生水底亦可食蘜治蘠今之秋華菊唐蒙女蘿女蘿菟絲別四名詩云爰采唐矣苗蓨未詳茥蒛葐覆葐也實似莓而小亦可食芨堇草即烏頭也江東呼為堇音靳虃百足未詳菺戎葵今蜀葵也似葵華如木槿華蘻狗毒樊光云俗語苦如蘻垂比葉未詳蕧盜庚旋蕧似菊茡麻母苴麻盛子者瓝九葉今江東有草五葉共叢生一莖俗因名為五葉即此類也藐茈草可以染紫一名茈莀廣雅云倚商活脫即離南也蘵黃蒢蘵草葉似酸漿華小而白中心黃江東以作菹食藒車芞輿藒車香草見離騷權黃華今謂

牛芸草爲黃華華黃葉似菽藿葞春草一名芒草本草云蔠葵蘩露承露也大莖小葉華紫黃色菋荎藸五味也蔓生子叢在莖頭蒤委葉詩云以茠蒤蓼皇守田似燕麥子如彫胡米可食生廢田中一名守氣鉤藈姑鉤𤬏也一名王瓜實如瓝瓜正赤味苦望乘車可以爲索長丈餘困衱袶未詳欔烏階即烏杷也子連相著狀如杷齒可以染皁杜土鹵杜衡也似葵而香盱虺牀蛇牀也一名馬牀廣雅云蒤薂未聞赤枹薊即上枹薊菟奚顆凍款凍也紫赤華生水中中馗菌地蕈也似蓋今江東名爲土菌亦曰馗廚可啖之小者菌大小異名苬小葉未聞苕陵苕一名陵時本草云

蕭華蘽白華茇苕華色異名亦不同音沛蘪從水生生於
水中薇垂水生於水邊薜山蘪似人家麻生山中莽數節竹類
也節間促桃枝四寸有節今桃枝節間相去多四寸粼堅中竹類
也其中實簢簝中言其中空竹類仲無笐亦竹類未詳䈙箭萌
萌筍屬也周禮曰䈙菹鴈醢篠箭別二名枹霍首素華軌鬷
皆未詳芏夫王芏草生海邊似莞蘭今南方越人采以為席綦月爾即紫
綦也似蕨可食葴馬藍今大葉冬藍也姚莖涂薺未詳芐地
黃一名地髓江東呼芐音怙蒙王女蒙即唐也女蘿別名拔蘢葛似葛

蔓生有節江東呼爲龍尾亦謂之虎葛細葉赤莖 藗牡茅白茅屬 菤耳苓耳廣雅云枲耳也亦云胡枲江東呼爲常枲或曰苓耳形似鼠耳叢生如盤 蕨虌廣雅云紫綦非也初生無葉可食江西謂之虌 蕎邛鉅今藥草大戟也本草云 蘩由胡未詳

莣杜榮今莣草似茅皮可以爲繩索履屩也 稂童粱稂莠類也 藨麃麃即莓也今江東呼爲藨莓子似覆葢而大赤酢甜可啖 的薂即蓮實 購蔏蔞蔏蔞蔞蒿也生下田初出可啖江東用羹魚 茢勃茢一名石芸本草云 葽繞蕀

蒬今遠志也似麻黃赤華葉銳而黃其上謂之小草廣雅云 茦刺草刺針也關西謂之刺燕北朝鮮之間曰萊見方言 蕭萩即蒿 薚海藻藥草也一名海蘿如亂髮生海中本

草云長楚銚芅今羊桃也或曰鬼桃葉似桃華白子如小麥亦似桃蘦大苦
今甘草也蔓延生葉似荷青黃莖赤有節節節有枝相當或云蘦似地黃芣苢馬舃馬
舃車前今車前草大葉長穗好生道邊江東呼爲蝦蟆衣綸似綸組似
組東海有之綸今有秩嗇夫所帶糾青絲綸組綬也海中草生彩理有象之者因以名
云帛似帛布似布華山有之草葉有象布帛者因以名云生
華山中荒東蠡未詳縣馬羊齒草細葉葉羅生而毛有似羊齒今江
東呼爲鴈齒繅者以取繭緒萿麋舌今麋舌草春生葉有似於舌搴柜朐
未詳蘩之醜秋爲蒿醜類也春時各有種名至秋老成皆通呼爲蒿芺薊

其實莩 芙與薊莖頭皆有蘴臺名莩莩即其實音俘 蔈荂荼 即芀 猋
藨芀 皆芀荼之別名方俗異語所未聞 葦醜芀 其類皆有芀秀 葭華
即今蘆也 蒹薕 似萑而細高數尺江東呼爲薕藡音廉 葭蘆 葦也 菼
薍 似葦而小實中江東呼爲烏蓲音丘 其萌蘿 今江東呼蘆筍爲蘿然則萑葦之類
其初生者皆名蘿音繾綣 蕍芛葟華榮 釋言云華皇也今俗呼草木華初生者爲
芛音豬猶敷蕍亦華之貌所未聞 卷施草拔心不死 宿莽也離騷云
荺茭 今江東呼藕紹緒如指空中可啖者爲茭茭即此類 荄根 別二名俗呼韭根爲荄
欔橐含 未詳 華荂也 今江東呼華爲荂音敷 華荂榮也

轉相解

木謂之華，草謂之榮，不榮而實者謂之秀，榮而不實者謂之英。

釋木第十四

槄，山榎。今之山楸。栲，山樗。栲似樗，色小白，生山中，因名云。亦類漆樹。柏，椈。禮記曰：鬯臼以椈。髡，梱。未詳。椵，柂。白椵也，樹似白楊。梅，柟。似杏，實酢。柀，煔。煔似松，生江南，可以爲船及棺材，作柱埋之不腐。櫠，椵。柚屬也。子大如盂，皮厚二三寸，中似枳，食之少味。杻，檍。似棣，細葉，葉新生可飼牛，材中車輞。關西呼杻子，一名土橿。楙，木瓜。實如小瓜，酢可食。椋，即來。今椋材中車輞。栵，栭。樹似槲樕而庳小，子如細栗，可食今江東亦呼為栭栗　檴落可以為杯器素　柚條似橙實酢生江南　時英梅雀梅　楥柜柳未詳或曰柳當為柳柜柳似柳皮可煑作飲　栩杼柞樹　味荎著釋草已有此名疑誤重出　藲荎今之刺榆　杜甘棠今之杜梨　狄臧槔貢綦皆未詳　杬繫梅杬樹狀似梅子如指頭赤色似小柰可食　朻者聊未詳　魄榽橀魄大木細葉似檀今江東多有之齊人諺曰上山斫檀榽橀先殫　梫木桂今南人呼桂厚皮者為木桂桂樹葉似枇杷而大白華華而不著子叢生巖嶺枝葉冬夏常青間無雜木　棆無疵棆楩屬似豫章　椐樻腫節可以為杖　檉河柳今河旁赤莖小楊　旄澤柳生澤中者　楊蒲柳可以為箭左傳所謂董澤之蒲　權

黄英輔小木權輔皆未詳杜赤棠白者棠棠色異異

其名諸慮山櫐今江東呼櫐爲藤似葛而麤大欇虎櫐今虎豆纏蔓林

樹而生莢有毛刺今江東呼爲欇欇音涉杞枸檵今枸杞也杬魚毒杬大木子

似栗生南方皮厚汁赤中藏卵果檓大椒今椒樹叢生實大者名爲檓楰鼠梓

楸屬也今江東有虎梓楓欇欇楓樹似白楊葉員而岐有脂而香今之楓香是寓木

宛童寄生樹一名蔦無姑其實夷無姑姑榆也生山中葉員而厚剝取皮合

漬之其味辛香所謂無夷櫟其實梂有梂彙自裹檖蘿今楊檖也實似棃而

小酢可食楔荊桃今櫻桃旄冬桃子冬熟榹桃山桃實如桃而

（小不解核）休無實李（一名趙李）痤接慮李（今之麥李）駁赤李（子赤）

棗壺棗（今江東呼棗大而銳上者爲壺壺猶瓠也）邊要棗（子細腰今謂之鹿盧棗）櫅白棗（即今棗子白熟）樲酸棗（樹小實酢孟子曰養其樲棗）

楊徹齊棗（未詳）遵羊棗（實小而員紫黑色今俗呼之爲羊矢棗孟子曰曾晳嗜羊棗）洗大棗（今河東猗氏縣出大棗子如鷄卵）煑塡棗（未詳）蹶洩苦棗（子味苦）晳無實棗（不著子者）還味棯棗（還味短味）

櫬梧（今梧桐）樸枹者（樸屬叢生者爲枹詩所謂棫樸枹櫟）謂櫬采薪采薪即薪（指解今樵薪）棪𣏾其（棪實似柰赤可食）劉劉

杕劉子生山中實如梨酢甜核堅出交趾櫰槐大葉而黑槐樹葉大色黑者名爲櫰守宮槐葉晝聶宵炕槐葉晝日聶合而夜炕布者名爲守宮槐槐小葉曰榎槐當爲楸楸細葉者爲榎大而皵楸老乃皮麤皵者爲楸小而皵榎小而皮麤皵者爲榎左傳曰使擇美榎椅梓即楸桋赤栜白者栜赤栜樹葉細而岐銳皮理錯戾好叢生山中中爲車輞白栜葉員而岐爲大木終牛棘即馬棘也其刺麤而長灌木叢木詩曰集於灌木瘣木苻婁謂木病尫傴癭腫無枝條蕡藹樹實繁茂菴藹枹遒木魁瘣謂樹木叢生根枝節目盤結磈磊棫白桵桵小木叢生有刺實如耳璫紫赤可啖梨山

樆即今梨樹桑辨有葚梔辨半也女桑桋桑今俗呼桑樹小而條長者爲女桑樹榆白枌枌榆先生葉卻著莢皮色白唐棣栘似白楊江東呼夫移常棣棣子如櫻桃可食檟苦荼樹小似梔子冬生葉可煮作羹飲今呼早采者爲荼晚取者爲茗一名荈蜀人名之苦荼樕樸心槲樕別名榮桐木即梧桐棧木干木橿木也江東呼木觡檿桑山桑似桑材中作弓及車轅木自獘神獘踣立死椔不獘頓蔽者翳樹蔭翳覆地者詩云其椔其翳木相磨槸樹枝相切磨棤皵謂木皮甲錯梢梢擢謂木無枝柯梢擢長而殺者樅松葉柏身今大

（廟梁材用此木尸子所謂松柏之鼠不知堂密之有美樅）檜柏葉松身（詩曰檜楫松舟）句如羽喬（樹枝曲卷似鳥毛羽）下句曰朻上句曰喬如木槲曰喬（槲樹性上竦）如竹箭曰苞（篠竹性叢生）如松柏曰茂（枝葉婆娑）如槐曰茂（言亦扶踈茂盛）祝州木髦柔英（皆未詳）槐棘醜喬（枝皆翹竦）桑柳醜條（阿那垂條）椒樧醜莍（莍萸子聚生成房貌今江東亦呼莍樧似茱萸而小赤色）桃李醜核（子中有核人）瓜曰華之桃曰膽之棗李曰疐之樝梨曰鑽之（皆啖食治擇之名樝似梨而酢澁見禮記）小枝上繚爲喬

謂細枝皆翹繚上句者名爲喬喬木無枝爲檄檄擢直上木族生爲灌族叢

釋蟲第十五

螜天螻螻蛄也夏小正曰螜則鳴蜚蠦蜰蜰即負盤臭蟲螾衘入耳蚰蜒

蜩蜋蜩夏小正傳曰蜋蜩者五彩具螗蜩夏小正傳曰螗蜩者蝘俗呼爲胡蟬江南謂之螗蛦音荑蚻蜻蜻如蟬而小方言云有文者謂之螓夏小正曰鳴蚻虎懸

蠽茅蜩江東呼爲茅截似蟬而小青色蝒馬蜩蜩中最大者爲馬蟬蜺寒蜩寒螿也似蟬而小青赤月令曰寒蟬鳴蜓蚞螇螰即蝭蟧也一名蟪蛄齊人呼螇螰

蛣蜣蜣蜋黑甲蟲噉糞土蝎蛣𧌑木中蠹蟲蠰齧桑似天

牛長角體有白點喜齧桑樹作孔入其中江東呼爲齧髮

諸慮奚相未詳

蜉蝣渠略似蛣蜣身狹而長有角黃黑色叢生糞土中朝生暮死豬好啖之

蛂蟥蛢甲蟲也大如虎豆綠色今江東呼黃蛢音瓶

蠸輿父守瓜今瓜中黃甲小蟲喜食瓜葉故曰守瓜

蝚蛖螻蛖螻螻蛄類

不蜩王蚥未詳

蛄𧏨強蛘今米穀中蠹小黑蟲是也建平人呼爲蛘子音芉姓

不過蟷蠰其子蜱蛸蟷蠰螗蜋別名一名蟳蟭蟷蠰卵也

蒺藜蝍蛆似蝗而大腹長角能食蛇腦

蝝蝮蜪蝗子未有翅者外傳曰蟲舍蚳蝝

蟋蟀蛬今促織也亦名青蛚

蟼蟆蛙類

蛝馬䗃馬蠲蚐俗呼馬䗃

蛗螽蠜詩曰趯趯阜螽

草螽負蠜

詩云喓喓草蟲謂常羊也蜤螽蜙蝑蜙蝑也俗呼蝽蝑蟿螽螇蚸今俗呼似蜙蝑而細長飛翅作聲者為螇蚸土螽蠰谿似蝗而小今謂之土蟅螼蚓蜸蚕即蛩蟺也江東呼寒蚓莫貈蟷蜋蛑螗蜋有斧蟲江東呼為石蜋孫叔然以方言說此義亦不了虰蛵負勞或曰即蜻蛉也江東呼狐棃所未聞蜭毛蠹即蛓蟔蛅蟴蛓屬也今青州人呼蛓為蛅蟴孫叔然云八角螫蟲失之蟠鼠負瓮器底蟲蟫白魚衣書中蟲一名蛃魚蛾羅蠶蛾螒天雞小蟲黑身赤頭一名莎雞又曰樗雞傅負版未詳強蚚即強醜捋蟜螪何未詳螝蛹蠶蛹蜆縊女小黑蟲赤頭喜自經死故曰縊女蚍蜉大

螘俗呼為馬蚍蜉小者螘齊人呼蛾蟻蛘蠪朾螘赤駁蚍蜉螱飛

螘有翅其子蚳蚳蟻卵周禮曰蜃蚳醬次蟗鼅鼄鼅鼄鼄

蝥今江東呼蝃蝥音掇土鼅鼄在地中布網者草鼅鼄絡幕草上

者土蠭今江東呼大蠭在地中作房者為土蠭啖其子即馬蠭今荊巴間呼為蟺音憚木蠭

似土蠭而小在樹上作房江東亦呼為木蠭又食其子蟦蠐螬在糞土中蝤蠐蝎

在木中今雖通名為蝎所在異蛶威委黍舊說鼠婦別名然所未詳蟰蛸長

踦小鼅鼄長脚者俗呼為喜子蛭蝚至掌未詳國貉蟲蠁今呼

蛹蟲為蠁廣雅云土蛹蠁蟲蠖蚇蠖今蝍蝛果蠃蒲盧即細腰蠭

也俗呼爲蠮螉

螟蛉桑蟲俗謂之桑蟃亦曰戎女

蝎桑蠹即蛣蝠

熒火即炤夜飛腹下有火

密肌繼英未詳

蚅烏蠋大蟲如指似蠶見韓子

蠓蠛蠓小蟲似蜹喜亂飛

王蛈蝪即螲蟷似鼅鼄在穴中有蓋今河北人呼蛈蝪

蟓桑繭食桑葉作繭者即今蠶

雔由樗繭食樗葉

棘繭食棘葉

欒繭食欒葉

蚢蕭繭食蕭葉者皆蠶類

翥醜罅剖母背而生

螽醜奮好奮迅作聲

強醜捋以脚自摩捋

蠭醜螸垂其腴

蠅醜扇好搖翅

食苗心螟食葉蟘食節賊食根蟊分別蟲啖食禾所在之名耳皆見詩

有足

謂之蝨無足謂之豸

釋魚第十六

鯉今赤鯉魚鱣鱣大魚似鱏而短鼻口在頷下體有邪行甲無鱗肉黃大者長二三丈今江東呼爲黃魚鰋今鰋額白魚鮎別名鯷江東通呼鮎爲鮧鱧鮦也鯇今鯶魚似鱒而大鯊鮀今吹沙小魚體貟而有點文鮂黑鰦即白鯈江東呼爲鮂鰼鰌今泥鰌鰹大鮦小者鮵今青州呼小鱺爲鮵魾大鱯小者鮡鱯似鮎而大白色鰝大鰕鰕大者出海中長二三丈鬚長數尺今青州呼鰕魚爲鰝音酆鄗鯤魚子凡魚之子揔名鯤鱀是鱁鱀䱜屬也體似鱏尾如鯯魚大腹喙小鋭

而長齒羅生上下相銜鼻在額上能作聲少肉多膏胎生健啖細魚大者長丈餘江中多有之

鱦小魚家語曰其小者鱦魚也今江東亦呼魚子未成者爲鱦音繩

鮥鮛鮪鮪鱣屬也大者名王鮪小者名鮛鮪今宜都郡自京門以上江中通出鱏鱣之魚有一魚狀似鱣而小建平人呼鮥子即此魚也音洛

鯦當魱海魚也似鯿而大鱗肥美多鯁今江東呼其最大長三尺者爲當魱音胡

鮤鱴刀今之鮆魚也亦呼爲魛魚

鱊鮬鱖鯞小魚也似鮒子而黑俗呼爲魚婢江東呼爲妾魚

魚有力者鰴強大多力

魵鰕出穢邪頭國見呂氏字林

鮅鱒似鯶子赤眼

魴魾江東呼魴魚爲鯿一名魾音毗

鯬鯠未詳

蜎蠉井中小蛣蟩赤蟲一名孑孓廣雅云

蛭蟣今江東呼水中蛭蟲入人肉者爲蟣

科斗活東

蝦蟆子魁陸本草云魁狀如海蛤員而厚外有理縱橫即今之蚶也蜪蚅未詳鼁𪓰蟾諸似蝦蟆居陸地淮南謂之去蚥在水者黽耿黽也似青蛙大腹一名土鴨蜌螷今江東呼蚌長而狹者爲螷蚌含漿蚌即蜃也鼈三足能龜三足賁山海經曰從山多三足鼈大若山多三足龜今吳興郡陽羨縣君山上有池池中出三足鼈又有六眼龜蚹蠃螔蝓即蝸牛也蠃小者蜬螺大者如斗出日南漲海中可以爲酒杯螖蠌小者蟧螺屬見埤蒼或曰即彭螖也似蟹而小音滑蜃小者珧珧玉珧即小蚌龜俯者靈行頭低仰者謝行頭仰前弇諸果甲前長後弇諸獵甲後長左倪

不類行頭左庳今江東所謂左食者以甲卜審右倪不若行頭右庳為右食甲形皆爾貝居陸贆在水者蜬水陸異名也貝中肉如科斗但有頭尾耳大者魧書大傳曰大貝如車渠車渠謂車輞即魧屬小者鰿今細貝亦有紫色者出日南玄貝貽貝黑色貝也餘貾黃白文以黃為質白為文點餘泉白黃文以白為質黃為文點今之紫貝以紫為質黑為文點蚆博而頯頯者中央廣兩頭銳蜠大而險險者謂汚薄蟦小而橢即上小貝橢謂狹而長此皆說貝之形容蠑螈蜥蜴蜥蜴蝘蜓蝘蜓守宮也轉相解博異語別四名也蟼蟇蝦屬大眼最有毒今淮南人呼蝁子音惡螣螣蛇

龍類也能興雲霧而遊其中淮南云蟒蛇**蟒王蛇**蟒蛇最大者故曰王蛇**蝮虺博三寸首大如擘**身廣三寸頭大如人擘指此自一種蛇名爲蝮虺**鯢大者謂之鰕**今鯢魚似鮎四脚前似獼猴後似狗聲如小兒啼大者長八九尺**魚枕謂之丁**枕在魚頭骨中形似篆書丁字可作印**魚腸謂之乙魚尾謂之丙**此皆似篆書字因以名焉禮記曰魚去乙然則魚之骨體盡似丙丁之屬因形名之**一曰神龜**龜之最神明**二曰靈龜**涪陵郡出大龜甲可以卜緣中文似瑇瑁俗呼爲靈龜即今觜蠵龜一名靈蠵能鳴**三曰攝龜**小龜也腹甲曲折解能自張閉好食蛇江東呼爲陵龜**四曰寶龜**書曰遺我大寶龜**五曰文龜**甲有文彩者河圖曰靈龜

（負書丹甲青文）六曰筮龜（常在蓍叢下潛伏見龜策傳）七曰山龜八曰澤龜九曰水龜十曰火龜（此皆說龜生之處所火龜猶火鼠耳物有含異氣者不可以常理推然亦無所怪）

釋鳥第十七

佳其鳺鴀（今鵓鳩）鶌鳩鶻鵃（似山鵲而小短尾青黑色多聲今江東亦呼爲鶻鵃）鳲鳩鴶鵴（今之布穀也江東呼爲穫穀）鷑鳩鵧鷑（小黑鳥鳴自呼江東名爲烏鳴）鴡鳩王鴡（鵰類今江東呼之爲鶚好在江渚山邊食魚毛詩傳曰鳥摯而有別）鵅鵋䳢（今江東呼鵂鶹爲鵋䳢亦謂之鵅鵅音格）鶅鵵軌（未詳）鷚天

狗小鳥也青似翠食魚江東呼爲水狗鷚天鸙大如鷃雀色似鶉好高飛作聲今江東名之天鷚音繆鵱鷜鵝今之野鵝鶬麋鴰今呼鶬鴰鵅烏鸔水鳥也似鶂而短頸腹翅紫白背上綠色江東呼烏鸔音駮舒鴈鵝禮記曰出如舒鴈今江東呼鴚音加舒鳧鶩鴨也鳽鵁鶄似鳧脚高毛冠江東人家養之以厭火災輿鵛鶋未詳鵜鴮鸅今之鵜鶘也好羣飛沉水食魚故名洿澤俗呼之爲淘河鶾天雞鶾雞赤羽逸周書曰文鶾若彩雞成王時蜀人獻之鷽山鵲似鵲而有文彩長尾觜脚赤鷣負雀鷣鷂也江南呼之爲鷣善捉雀因名云音淫齧齒艾未詳鶨鵙老鶨鶪也俗呼爲癡鳥鳸鴳今鴳雀桑鳸竊脂俗謂

之青雀觜曲食肉好盜脂膏因名云鳭鷯剖葦好剖葦皮食其中蟲因名云江東呼蘆虎
似雀青班長尾桃蟲鷦其雌鴱鷦鷯桃雀也俗呼為巧婦鶠鳳其雌
皇瑞應鳥雞頭蛇頸燕頷龜背魚尾五彩色高六尺許䳭鴒雝渠雀屬也飛則鳴
行則搖鷽斯鵯鶋雅烏也小而多羣腹下白江東亦呼為鵯烏音匹燕白
脰烏脰頸鴽鴾母鵪也青州呼鴾母密肌繫英釋蟲以有
此名疑誤重巂周子巂鳥出蜀中燕燕鳦詩云燕燕于飛一名玄鳥齊人呼鳦
鴟鴞鸋鴂鴟類狂茅鴟今鵂鶹也似鷹而白怪鴟即鴟鵂也
見廣雅今江東通呼此屬為怪鳥梟鴟土梟鶛劉疾未詳生哺鷇

鳥子須母食之生噣雛能自食爰居雜縣國語曰海鳥爰居漢元帝時琅
邪有大鳥如馬駒時人謂之爰居春鳫鳻鶞夏鳫竊玄秋鳫
竊藍冬鳫竊黃桑鳫竊脂棘鳫竊丹行鳫
唶唶宵鳫嘖嘖諸鳫皆因其毛色音聲以爲名竊藍青色鵖鴔戴
鵀鵀即頭上勝今亦呼爲戴勝鵖鴔猶鶝鵖語聲轉耳鴋澤虞今婟澤鳥似水鴞蒼
黑色常在澤中見人輒鳴喚不去有象主守之官因名云俗呼爲護田鳥鶿鷧即鸕鷀也觜頭曲如
鉤食魚鷯鶉其雄鶛牝庳鶉鷯屬鸍沈鳧似鴨而小長尾
背上有文今江東亦呼爲鸍音施鴢頭鵁似鳧脚近尾略不能行江東謂之魚鵁音髐箭

鳩寇雉鵽大如鴿似雌雉鼠脚無後指岐尾爲鳥憨急羣飛出北方沙漠地萑老鵵木兔也似鴟鵂而小兔頭有角毛脚夜飛好食鷄鷄鶘鳥似雉青身白頭狂夢

鳥狂鳥五色有冠見山海經皇黃鳥俗呼黃離留亦名摶黍翠鷸似燕紺色

生鬱林鸀山烏似烏而小赤觜穴乳出西方蝙蝠服翼齊人呼爲蟙䘃

或謂之仙鼠晨風鸇鷂屬詩曰鴥彼晨風鸉白鷢似鷹尾上白寇

雉泆泆即鵽鳩也鷏蟁母似烏鸔而大黃白雜文鳴如鴿聲今江東呼爲蚊母

俗說此鳥常吐蚊因以名云鷉須蠃鷉鸊鷉似鳧而小膏中瑩刀鼯鼠夷

由狀如小狐似蝙蝠肉翅翅尾項脅毛紫赤色背上蒼艾色腹下黃喙頷雜白脚短爪長尾三尺許飛且乳

亦謂之飛生聲如人呼食火烟能從高赴下不能從下上高倉庚商庚即鵹黃也鴩

餔敊未詳鷹鶆鳩鶆當爲鷞字之誤耳左傳作鷞鳩是也鶼鶼比

翼說已在上鵹黃楚雀即倉庚也鴷斲木口如錐長數寸常斲

樹食蟲因名云鸄鶶鷵似烏蒼白色鸕諸雉未詳或云即今雉鷺

舂鉏白鷺也頭翅背上皆有長翰毛今江東人取以爲睫㰁名之曰白鷺縗鷂雉青質

五彩鷮雉即鷮鷄也長尾走且鳴鳪雉黃色鳴自呼鷩雉似山鷄而小冠

背毛黃腹下赤項綠色鮮明秩秩海雉如雉而黑在海中山上鸐山雉長尾者

雗雉鵫雉今白鵫也江東呼白雗亦名白雉雉絕有力奮最健鬭伊洛

而南素質五采皆備成章曰翬翬亦雉屬言其毛色光鮮江淮而南青質五采皆備成章曰鷂即鷂雉也南方曰𪇆東方曰鶅北方曰鵗西方曰鷷說四方雉之名鳥鼠同穴其鳥爲䳜其鼠爲鼵鼵如人家鼠而短尾䳜似鵽而小黃黑色穴入地三四尺鼠在內鳥在外今在隴西首陽縣鳥鼠同穴山中孔氏尚書傳云共爲雄雌張氏地理記云不爲牝牡鸛鷒鶝鶔如鵲短尾射之銜矢射人或說曰鸛鷒鶝鶔一名嘍羿鵲鶪醜其飛也翪竦翅上下鳶烏醜其飛也翔布翅翱翔鷹隼醜其飛

也翬（鼓翅翬翬然疾）鳧鴈醜其足蹼（脚指閒有幕蹼屬相著）其
踵企（飛却伸其脚跟企直）烏鵲醜其掌縮（飛縮脚腹下）亢鳥
嚨（嚨謂喉嚨亢即咽）其粻嗉（嗉者受食之處別名嗉今江東呼粻）鶉子
鳼鴽子鸋（別鴾鶉雛之名）雉之暮子為鷚（晚生者今呼少
雞爲鷚）鳥之雌雄不可別者以翼右掩左雄
左掩右雌鳥少美長醜為鶹鷅（鶹鷅猶留離詩所謂留離
之子）二足而羽謂之禽四足而毛謂之獸鶪
伯勞也（似鶷鶡而大左傳曰伯趙是）倉庚黧黃也（其色黧黑而黃因以名云）

釋獸第十八

麋牡麔牝麎其子䴠國語曰獸長麛䴠其跡躔腳所踐處絕有力狄鹿牡麚牝麀其子麛其跡速絕有力麉麕牡麌詩曰麀鹿麌麌鄭康成解即謂此也但重言耳牝麜其子麆其跡解絕有力豜狼牡貛牝狼其子獥絕有力迅兔子嬎俗呼曰㝹其跡迒絕有力欣豕子豬今亦曰彘江東呼豨皆通名𧱚豶俗呼小豶豬為𧱚子幺幼最後生者俗呼為幺豚奏者豱今豱豬短頭皮理腠蹙豕生三豵二

師一特豬生子常多故別其少者之名所寢橧橧其所臥蓐四豴皆白豥詩曰有豕白蹢蹢蹄也其跡刻絕有力豟即豕高五尺者牝豝詩云一發五豝虎竊毛謂之虦貓竊淺也詩曰有貓有虎貘白豹似熊小頭庳腳黑白駁能舐食銅鐵及竹骨骨節強直中實少髓皮辟濕或曰豹白色者別名貘甝白虎漢宣帝時南郡獲白虎獻其皮骨爪牙虪黑虎晉永嘉四年建平秭歸縣檻得之狀如小虎而黑毛深者為斑山海經云幽都山多玄虎玄豹貀無前足晉太康七年召陵扶夷縣檻得一獸似狗豹文有角兩腳即此種類也或說貀似虎而黑無前兩足鼳鼠身長須而賊秦人謂之小驢鼳似鼠而馬蹄一歲千斤

爲物殘賊熊虎醜其子狗絕有力麙律曰捕虎一購錢三千其狗半之

貍子隸今或呼豾貍貈子貆其雌者名貈今江東呼貉爲㹻貗貒子貗貒豚也一名貛貔白狐其子豰一名執夷虎豹之屬麝父麕足脚似麕有香豺狗足脚似狗貙獌似貍今山民呼貙虎之大者爲貙豻音岸羆如熊黃白文似熊而長頭高脚猛憨多力能拔樹木關西呼曰貑羆麢大羊麢羊似羊而大角員銳好在山崖閒麠大麃牛尾一角漢武帝郊雍得一角獸若麃然謂之麟者此是也麃即麞麔大麕旄毛狗足旄毛猥長魋如小熊竊毛而黃今建平山

中有此獸狀如熊而小毛麤淺赤黃色俗呼爲赤熊即羆也猰貐類貙虎爪食人迅走迅疾狻麑如虦貓食虎豹即師子也出西域漢順帝時疏勒王來獻犎牛及師子穆天子傳曰狻猊日走五百里驨如馬一角不角者騏元康八年九眞郡獵得一獸大如馬一角角如鹿茸此即驨也今深山中人時或見之亦有無角者羱如羊羱羊似吳羊而大角角橢出西方麐麇身牛尾一角角頭有肉公羊傳曰有麐而角猶如麂善登木健上樹貄脩毫毫毛長貙似貍今貙虎也大貙如狗文如貍兕似牛一角青色重千斤犀似豕形似水牛猪頭大腹庳脚脚有三蹄黑色三角一在頂上一在額上一在鼻上鼻上者即

食角也小而不惰好食棘亦有一角者

彙毛刺今蝟狀似鼠

狒狒如人被髮迅走食人梟羊也山海經曰其狀如人面長脣黑身有毛反踵見人則笑交廣及南康郡山中亦有此物大者長丈許俗呼之曰山都

貍狐貒貈醜其足蹯皆有掌蹯其跡內內指頭處

蒙頌猱狀即蒙貴也狀如蜼而小紫黑色可畜健捕鼠勝於貓九真日南皆出之猱亦獼猴之類

猱蝯善援便攀援

貜父善顧貑貜也似獼猴而大色蒼黑能貜持人好顧眄

威夷長脊而泥泥少才力

麔麚短脰脰項

䴎有力出西海大秦國有養者似狗多力獷惡

豦迅頭今建平山中有豦大如狗似獼猴黃黑色多髯鬛好奮迅其頭能舉石擿人貜類也

蜼卬鼻而長尾蜼似獮猴而大黃黑色尾長數尺似獺尾末有岐鼻露向上雨即自縣於樹以尾塞鼻或以兩指江東人亦取養之爲物捷健時善乘領好登山峯猩猩小而好啼山海經曰人面豕身能言語今交阯封谿縣出猩猩狀如貛㹠聲似小兒啼闕洩多狃說者云脚饒指未詳

寓屬

鼢鼠地中行者鼸鼠以頰裏藏食鼷鼠有螫毒者鼶鼠夏小正曰鼶鼬則穴鼬鼠今鼬似鼦赤黃色大尾啖鼠江東呼爲鼪音牲鼩鼠小鼱鼩也亦名䶑鼩鼭鼠未詳鼣鼠山海經說獸云狀如鼣鼠然形則未詳鼫鼠形大如鼠頭似

兔尾有毛青黃色好在田中食粟豆關西呼爲鼩鼠見廣雅音瞿

鼤鼠鼨鼠皆未詳

豹文鼮鼠鼠文彩如豹者漢武帝時得此鼠孝廉郎終軍知之賜絹百匹

鼳鼠今江東山中有鼳鼠狀如鼠而大蒼色在樹木上音巫覡

鼠屬

牛曰齝食之已久復出嚼之

羊曰齥今江東呼齝爲齥音漪洩

麋鹿曰齸江東名咽爲齸齸者齥食之所在依名云

鳥曰嗉咽中裹食處

寓鼠曰嗛頰裹貯食處寓謂獮猴之類寄寓木上

齸屬

獸曰釁自奮釁　人曰撟頻伸夭撟　魚曰須鼓鰓須息　鳥曰狊張兩翅皆氣體所須

須屬

釋畜第十九

騊駼馬山海經云北海內有獸狀如馬名騊駼色青　野馬如馬而小出塞外　駮如馬倨牙食虎豹山海經云有獸名駮如白馬黑尾倨牙音如鼓食虎豹

騉蹄趼善陞甗甗山形似甑上大下小騉蹄蹄如趼而健上山秦時有騉蹄苑

騉駼枝蹄趼善陞甗騉駼亦似馬而牛蹄　小領盜驪騝樸天

子傳曰天子之駿盜驪緑耳又曰右服盜驪盜驪千里馬領頸絕有力駥即馬高八尺

膝上皆白惟馬畀四骹皆白驓骹膝下也四蹢皆

白首俗呼爲踏雪馬前足皆白騱後足皆白䮝前

右足白啓左傳曰啓服左白踦前左脚白後右足白驤

左白馵後左脚白易曰震爲馵足騵馬白腹騵騮赤色馬黑鬣驪

馬白跨驪黑色跨髀間白州驠州竅尾本白騴尾株

白尾白駺但尾毛白馰顙白顛戴星馬也白達素縣

素鼻莖也俗[illegible]謂漫臚徹齒面顙皆白惟駹顙額回毛在膺

宜乘樊光云俗呼之官府馬伯樂相馬法旋毛在腹下如乳者千里馬在肘後減
陽在幹茀方幹脅皆別旋毛所在之名逆毛
居馻馬毛逆刺騋牝驪牡詩云騋牝三千馬七尺巳上爲騋見周禮玄駒
褭驂玄駒小馬別名褭驂耳或曰此即騕褭古之良馬名牡曰騭今江東呼駁馬爲騭
音質牝曰騇草馬名駵白駁黃白騜詩曰騜駁其馬駵馬
黃脊騝驪馬黃脊騽皆背脊毛黃青驪駽今之鐵驄
青驪驎驒色有深淺班駁隱粼今之連錢驄青驪繁鬣騥禮記
曰周人黃馬繁鬣繁鬣兩被毛或云美髦鬣驪白雜毛駂今之烏驄黃白

雜毛駓今之桃華馬陰白雜毛駰陰淺黑今之泥驄蒼白

雜毛騅詩曰有騅有駓彤白雜毛騢即今之赭白馬形赤白馬

黑鬣駱禮記曰夏后氏駱馬黑鬣白馬黑脣駩黑喙騧今之

淺黃色者爲騧馬一目白瞷二目白魚似魚目也詩曰有驔有魚旣差

我馬差擇也宗廟齊毫尚純戎事齊力尚強田

獵齊足尚疾

馬屬

犘牛出巴中重千斤犦牛即犎牛也領上肉犦胅起高二尺許狀如橐駝肉鞍一邊健行

者日三百餘里今交州合浦徐聞縣出此牛犤牛犤牛庳小今之㹀牛也又呼果下牛出廣州高

涼郡犩牛即犪牛也如牛而大肉數千斤出蜀中山海經曰岷山多犪牛犣牛旄牛也髀

膝尾皆有長毛犝牛今無角牛㹇牛未詳角一俯一仰觭牛角

低仰皆踊觢今豎角牛黑脣犉毛詩傳曰黃牛黑脣此宜通謂黑脣牛

黑眥牰眼皆黑黑耳犚黑腹牧黑腳犈皆別牛黑

所在之名其子犢今青州呼犢爲㸬體長牬長身者絕有力欣

犌

牛屬

羊牡羒謂吳羊白羝牝牂詩曰牂羊墳首夏羊黑羒䍽

牡羭黑羝也歸藏曰兩壺兩羭牝羖今人便以牂羖爲黑白羊名角不

齊觤一短一長角三觠羷觠角三匝羳羊黃腹腹下黃

未成羊羜俗呼五月羔爲羜絕有力奮

羊屬

犬生三猣二師一玂此與豬生子義同名亦相出入未成

豪狗狗子未生𩋀毛者長喙獫短喙猲獢詩曰載獫

猲獢絕有力狣尨狗也詩曰無使尨也吠

狗屬

雞大者蜀（今蜀雞）蜀子雛（雛子名）未成雞僆（今江東呼雞少者曰僆，音練也）絕有力奮（諸物有氣力多者無不健自奮迅，故皆以名云）

雞屬

馬八尺爲駥（周禮云馬八尺以上爲駥）牛七尺爲犉（詩曰九十其犉，亦見尸子）羊六尺爲羬（尸子曰大羊爲羬六尺）彘五尺爲豟（尸子曰大豕爲豟五尺，今漁陽呼猪大者爲豟）狗四尺爲獒（公羊傳曰靈公有害狗謂之獒也，尚書孔氏傳曰犬高四尺曰獒，即此義）雞三尺爲鶤（陽溝巨鶤，古之名雞）

六畜

爾雅卷下